rororo

rororo

Zu diesem Buch

Das Unbegreiflichste am Universum sei, daß wir es begreifen können, schrieb Einstein. Aber hatte er recht? Lassen sich Quantenfeldtheorie und Allgemeine Relativitätstheorie, die beiden Stützpfeiler der modernen Physik, zu einem einzigen System der Quantengravitation vereinigen? Gäbe es eine solche «große vereinheitlichende Theorie», könnten Wissenschaftler eine Menge schwieriger Probleme lösen.

«Von Stephen Hawking und Roger Penrose stammen grundlegende Beiträge zur Aufklärung der globalen Struktur von Raum und Zeit. Sie werden von den beiden in abwechselnd verfaßten und mit zahlreichen Abbildungen versehenen Kapiteln vorgestellt. Ein besonderer Höhepunkt ist die abschließende Debatte beider Autoren. Der vorliegende Band ist auf sehr hohem Niveau geschrieben. Die begriffliche Auseinandersetzung mit der Interpretation der Quantentheorie und ihren Konsequenzen für die Einbeziehung der Gravitation dürfte aber dennoch für einen weiten physikalischen Leserkreis interessant und verständlich sein. Sie stellt den lebendigen – weil noch nicht abgeschlossenen – Aspekt der modernen Physik dar und regt deshalb besonders zum Nachdenken an.» – *Physik in unserer Zeit*

Stephen Hawking ist Physiker und Mathematiker an der Universität Cambridge und Träger des Titels «Lukasischer Professor». Roger Penrose, Professor für Mathematik, lehrt in Oxford, und Michael Atiyah, der das Vorwort schrieb, ist Rektor des Trinity College in Cambridge. In der science-Reihe bereits erschienen: «Stephen Hawkings Welt: Ein Wissenschaftler und sein Werk» (rororo 19661), «Einsteins Traum: Expeditionen an die Grenze der Raumzeit» (rororo 60132) sowie «Eine kurze Geschichte der Zeit» (rororo 60555).

Stephen Hawking
Roger Penrose

RAUM UND ZEIT

Deutsch
von Claus Kiefer

Rowohlt Taschenbuch Verlag

rororo science
Lektorat Angelika Mette

Veröffentlicht im Rowohlt Taschenbuch
Verlag GmbH, Reinbek bei Hamburg,
März 2000

Umschlaggestaltung Barbara Hanke
(Foto: Moonrunner Design)
Gesamtherstellung Clausen & Bosse, Leck
Printed in Germany
ISBN 3 499 60885 5

INHALT

DANK

Die Autoren, der Verlag sowie das Isaac Newton Institute for Mathematical Sciences möchten den folgenden Personen, die beim Zustandekommen der Vortragsreihe und des Buches beteiligt waren, ihren Dank aussprechen: Matthias R. Gaberdiel, Simon Gill, Jonathan B. Rogers, Daniel R. D. Scott und Paul A. Shah.

VORWORT

Die Debatte zwischen Roger Penrose und Stephen Hawking, die in diesem Buch wiedergegeben wird, bildete den Höhepunkt einer sechsmonatigen Veranstaltungsreihe, die 1994 am Isaac Newton Institute for Mathematical Sciences der Universität Cambridge stattfand. Dabei handelt es sich um eine ernsthafte Diskussion der fundamentalsten Ideen bezüglich der Natur des Universums. Es muß nicht betont werden, daß wir noch nicht am Ende des Weges zu einem wahren Verständnis angekommen sind; noch immer gibt es viele Unsicherheiten und strittige Punkte, die es zu klären gilt.

Vor etwa sechzig Jahren führten Niels Bohr und Albert Einstein eine berühmt gewordene langwierige Diskussion über die Grundlagen der Quantenmechanik. Einstein weigerte sich zu akzeptieren, daß die Quantenmechanik eine vollständige Theorie sei. Er hielt sie für philosophisch unbefriedigend und kämpfte mit harten Bandagen gegen die orthodoxe Interpretation der Kopenhagener Schule, die Bohr repräsentierte.

In gewissem Sinne setzen Penrose und Hawking diese frühere Debatte fort, wobei Penrose die Rolle von Einstein und Hawking die von Bohr einnimmt. Die Inhalte sind komplexer und weitläufiger geworden, doch noch immer handelt es sich um eine Mischung aus formalen Argumenten und philosophischen Standpunkten. Heute ist die Quantentheorie, einschließlich der anspruchsvolleren Version der Quantenfeldtheorie, eine sehr weit entwickelte und äußerst erfolgreiche Theorie, auch wenn es noch philosophische Skeptiker wie Roger Penrose gibt, die an ihr zweifeln. Ebenso hat Einsteins Allgemeine Relativitätstheorie alle Hürden übersprungen und kann erstaunliche Erfolge vorweisen, obwohl es ernsthafte Probleme gibt, etwa im Zusammenhang mit der Rolle von Singularitäten oder Schwarzen Löchern.

Das zentrale und dominierende Thema der Diskussion zwischen Hawking und Penrose ist die mögliche Vereinigung dieser erfolgreichen Theorien zu einer «Quantengravitation». Damit sind schwierige begriffliche und formale Probleme verknüpft, die ein weites Feld für Auseinandersetzungen in diesen Vorlesungen bieten. Als Beispiele für die grundlegenden Fragen, die aufgeworfen werden, seien der «Pfeil der Zeit» genannt, die Anfangsbedingungen bei der Entstehung des Universums sowie die Art und Weise, wie Schwarze Löcher Information verschlingen. In diesen und anderen Fragen nehmen Hawking und Penrose Positionen ein, die sich subtil voneinander unterscheiden. Die Argumente werden sowohl in mathematischer als auch in physikalischer Hinsicht sorgfältig präsentiert, wobei die Form, in der die Debatte geführt wird, einen sinnvollen Austausch von Kritik erlaubt.

Obwohl ein Teil der Darlegungen eine genaue Kenntnis von Mathematik und Physik voraussetzt, werden viele der Auseinandersetzungen auf einer höheren (oder tieferen) Ebene geführt, die auch für ein größeres Publikum von Interesse ist. Auf jeden Fall bekommt der Leser einen Eindruck von Umfang und Tiefe der diskutierten Ideen sowie von der enormen Herausforderung, die es bedeutet, ein stimmiges Bild des Universums zu entwerfen, das sowohl der Gravitationstheorie als auch der Quantentheorie voll und ganz Rechnung trägt.

Michael Atiyah

KAPITEL EINS

KLASSISCHE THEORIE

Stephen Hawking

In diesen Vorlesungen werden Roger Penrose und ich unsere jeweiligen Vorstellungen zur Natur des Raumes und der Zeit darlegen, die zwar Gemeinsamkeiten, aber auch einige Unterschiede aufweisen. Wir werden abwechselnd vortragen; jeder von uns hält drei Vorlesungen, denen dann eine Diskussion über unsere unterschiedlichen Ansätze folgen soll. Ich möchte betonen, daß es sich um Spezialvorlesungen handelt, bei denen wir Grundkenntnisse von Allgemeiner Relativitätstheorie und Quantentheorie voraussetzen.

Es gibt einen kurzen Artikel von Richard Feynman, in dem er seine Erlebnisse auf einer Relativistenkonferenz, ich glaube, es war die Warschauer Konferenz von 1962, zum besten gibt. Er äußert sich darin sehr abschätzig über die allgemeine Kompetenz der Teilnehmer und die Bedeutung ihrer Arbeit. Es ist in nicht geringem Maße Rogers Arbeit zu verdanken, daß die Allgemeine Relativitätstheorie bald darauf einen viel besseren Ruf und größere Aufmerksamkeit erlangte. Bis dahin hatte man sie durch ein umständliches System von partiellen Differentialgleichungen in einem einzigen Koordinatensystem beschrieben. Man war dabei so zufrieden, wenn man eine Lösung gefunden hatte, daß man nicht danach fragte, ob diese von physikalischer Relevanz sei. Roger jedoch brachte moderne Begriffe wie Spinoren und globale Methoden ins Spiel. Als erster zeigte er auf, daß man allgemeine Eigenschaften entdecken kann, ohne die Gleichungen exakt lösen zu müssen. Es war sein erstes Singularitätentheorem, das mich zum Studium der kausalen Struktur führte und mich zum klassischen Teil meiner Arbeit über Singularitäten und Schwarze Löcher anregte.

Ich denke, Roger und ich sind uns ziemlich einig, was den klassischen Teil unserer Arbeit angeht. Wir unterscheiden uns jedoch in unserem Zugang zur Quantengravitation und in unserer Einstellung zur Quantentheorie selbst. Obwohl mich die Teilchenphysiker als gefährlichen Radikalen ansehen, weil ich einen möglichen Verlust der Quantenkohärenz ins Auge gefaßt habe, bin ich im Vergleich zu Roger ganz sicher ein Konservativer. Ich nehme den positivistischen Standpunkt ein, daß eine physikalische Theorie nur ein mathematisches Modell darstellt und daß es nicht sinnvoll ist, zu fragen, ob dieses der Realität entspricht. Man kann nur fragen, ob seine Vorhersagen mit den Beobachtungen in Einklang stehen. Ich denke, Roger ist im Grunde seines Herzens ein Platoniker, doch muß er dies selbst beantworten.

Obwohl es Vorstellungen von einer diskreten Struktur der Raumzeit gibt, besteht kein Grund, die erfolgreichen Kontinuumstheorien aufzugeben. Die Allgemeine Relativitätstheorie ist eine hervorragende Theorie, die mit allen bisherigen Beobachtungen übereinstimmt. Sie mag auf der Planck-Skala Abänderungen erfahren, doch glaube ich nicht, daß dies viele ihrer Vorhersagen betreffen wird. Zwar mag sie nur eine Annäherung an eine grundlegendere Theorie wie die Stringtheorie im Bereich kleiner Energien sein, doch bin ich der Meinung, daß die Stringtheorie überschätzt wird. Zunächst einmal ist nicht klar, ob die Allgemeine Relativitätstheorie, wenn sie mit verschiedenen anderen Feldern in einer Theorie der Supergravitation vereinigt wird, nicht doch eine vernünftige Quantentheorie ergeben mag. Berichte über das Ende der Supergravitation sind Übertreibungen. Es gab eine Zeit, da glaubte jeder, die Supergravitation sei endlich. Im darauffolgenden Jahr hatte sich die Mode gewandelt, und alle behaupteten, die Supergravitation habe Divergenzen, obwohl nie welche gefunden wurden. Der zweite Grund, warum ich die Superstringtheorie übergehe, ist die Tatsache, daß sie bisher keine überprüfbaren Vorhersagen geleistet hat. Im Gegensatz dazu hat die direkte Anwendung der Quantentheorie auf die Allgemeine Relativitätstheorie, auf die ich zu sprechen komme, bereits zwei überprüfbare Vorhersagen vorzuweisen. Eine von ihnen, die Entwicklung kleiner Störungen während der Inflation, scheint durch jüngste Beobachtungen der Fluktuationen in der Mikrowellenhintergrundstrahlung bestätigt zu werden. Die andere Vorhersage – nämlich daß Schwarze Löcher thermisch strahlen – ist zumindest im Prinzip überprüfbar. Leider scheinen in unseren Breiten nicht viele davon zu existieren. Gäbe es sie, wüßten wir, wie die Gravitation zu quantisieren wäre.

Selbst wenn die Superstringtheorie die endgültige Theorie der Natur sein sollte, würde sich keine dieser Vorhersagen ändern. Zumindest auf ihrem gegenwärtigen Stand der Entwicklung ist die Stringtheorie jedoch nicht in der Lage, diese Vorhersagen zu treffen, es sei denn, sie verweist auf die Allgemeine Relativitätstheorie als effektive Theorie bei kleinen Energien. Ich vermute, daß dies immer der Fall bleiben wird und daß es keine beobachtbaren Vorhersagen der Stringtheorie gibt, die man nicht auch aus der Allgemeinen Relativitätstheorie oder der Supergravitation erhalten kann. Sollte dem so sein, stellt sich die Frage, ob die Stringtheorie eine ernsthafte wissenschaftliche Theorie ist. Können mathematische Schönheit und Vollständigkeit ausreichen, wenn klare, durch die Beobachtung überprüfte Vorhersagen fehlen? Damit will ich keineswegs behaupten, daß die Stringtheorie in ihrer momentanen Form schön oder vollständig sei.

Aus diesen Gründen werde ich in meinen Vorlesungen über die Allgemeine Relativitätstheorie reden. Dabei werde ich mich auf zwei Gebiete konzentrieren, auf denen sich die Gravitation von anderen Feldtheorien unterscheidet. Das erste betrifft die Vorstellung, sie erlege der Raumzeit einen Anfang und womöglich ein Ende auf. Bei dem zweiten geht es um die Entdeckung, daß es allem Anschein nach eine intrinsische Gravitationsentropie gibt, die nicht das Ergebnis einer Grobkörnung ist. Einige Leute haben behauptet, diese Vorhersagen seien nur ein Artefakt der semiklassischen Näherung. Sie meinen, die Stringtheorie als eigentliche Quantentheorie der Gravitation verhindere die Singularitäten und führe zu Korrelationen in der Strahlung Schwarzer Löcher, die bewirken, daß diese im Sinne der Grobkörnung nur näherungsweise thermisch ist. Wenn dies stimmte, hätten wir es mit einer ziemlich langweiligen Angelegenheit zu tun. Die Gravitation wäre dann ein Feld wie jedes andere. Ich glaube aber, daß sie grundlegend anders ist, da sie selbst die Arena bildet, in der sie agiert, ganz im Unterschied zu anderen Feldern, die auf einem festen raumzeitlichen Hintergrund wirken. Genau dies läßt es möglich erscheinen, daß die Zeit einen Anfang besitzt. Es ist auch der Grund dafür, warum es im Universum unbeobachtbare Gebiete gibt, was wiederum Anlaß gibt, den Begriff der Gravitationsentropie als Maß für unser Unwissen einzuführen.

Im folgenden werde ich die im Rahmen der Allgemeinen Relativitätstheorie geleistete Arbeit referieren, die zu diesen Vorstellungen führt. In meiner zweiten und dritten Vorlesung

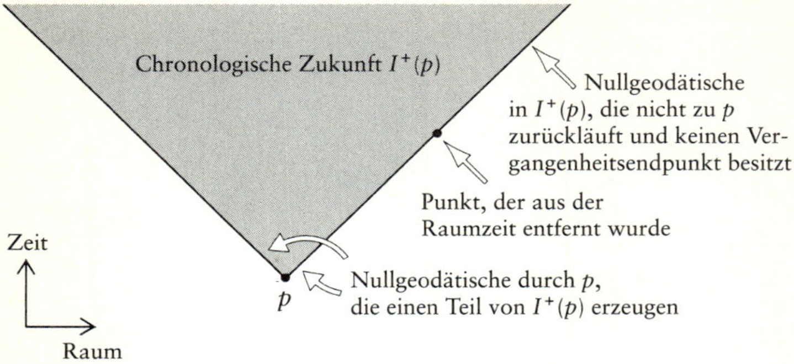

Abb. 1.1: Die chronologische Zukunft eines Punktes p.

(Kapitel 3 und 5) werde ich zeigen, wie sie modifiziert und erweitert werden, wenn man die Quantentheorie einbezieht. Meine zweite Vorlesung wird sich um Schwarze Löcher drehen, und die dritte handelt von Quantenkosmologie.

Die entscheidenden Techniken, die Roger vorgeschlagen hat, um Singularitäten und Schwarze Löcher zu untersuchen, und bei deren Entwicklung ich beteiligt war, dienen dem Studium der globalen kausalen Struktur der Raumzeit. Definieren wir $I^+(p)$ als die Menge aller Punkte der Raumzeit M, die sich von p aus durch zukunftsgerichtete zeitartige Kurven erreichen lassen (Abb. 1.1). Man kann sich $I^+(p)$ als die Menge aller Ereignisse vorstellen, die davon beeinflußt werden können, was bei p passiert. Es gibt analoge Definitionen, bei denen plus durch minus und Zukunft durch Vergangenheit ersetzt wird. Solche Definitionen werde ich als unmittelbar einleuchtend ansehen.

Betrachten wir nun den Rand $\dot{I}^+(S)$ der Zukunft einer Menge S. Es ist ziemlich einfach zu erkennen, daß dieser Rand nicht zeitartig sein kann. Denn in diesem Fall läge ein Punkt q,

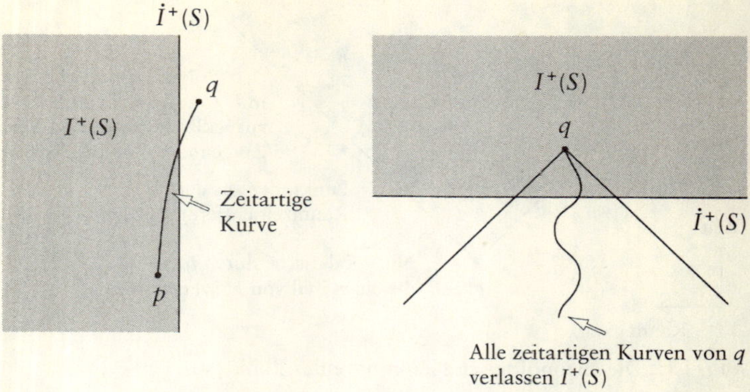

$\dot{I}^+(S)$ kann nicht zeitartig sein $\dot{I}^+(S)$ kann nicht raumartig sein

Abb. 1.2: Der Rand der chronologischen Zukunft kann nicht zeitartig oder raumartig sein.

der gerade außerhalb des Randes liegt, in der Zukunft eines Punktes *p*, der sich gerade innerhalb des Randes befindet. Der Rand der Zukunft kann, außer bei der Menge *S* selbst, auch nicht raumartig sein. In diesem Fall würde nämlich jede in die Vergangenheit gerichtete Kurve, die an einem Punkt *q* beginnt, der gerade noch in der Zukunft des Randes liegt, den Rand überqueren und die Zukunft von *S* verlassen. Das wäre aber ein Widerspruch zu der Tatsache, daß *q* in der Zukunft von *S* liegt (Abb. 1.2).

Man folgert deshalb, daß der Rand der Zukunft, abgesehen von der Menge *S* selbst, lichtartig ist. Genauer gesagt, es gibt für einen Punkt *q* im Rand der Zukunft, der aber nicht im Abschluß von *S* liegt, ein in die Vergangenheit gerichtetes Segment einer Nullgeodätischen durch *p*, das im Rand liegt (Abb. 1.3). Es mag auch durchaus mehr als ein solches Segment

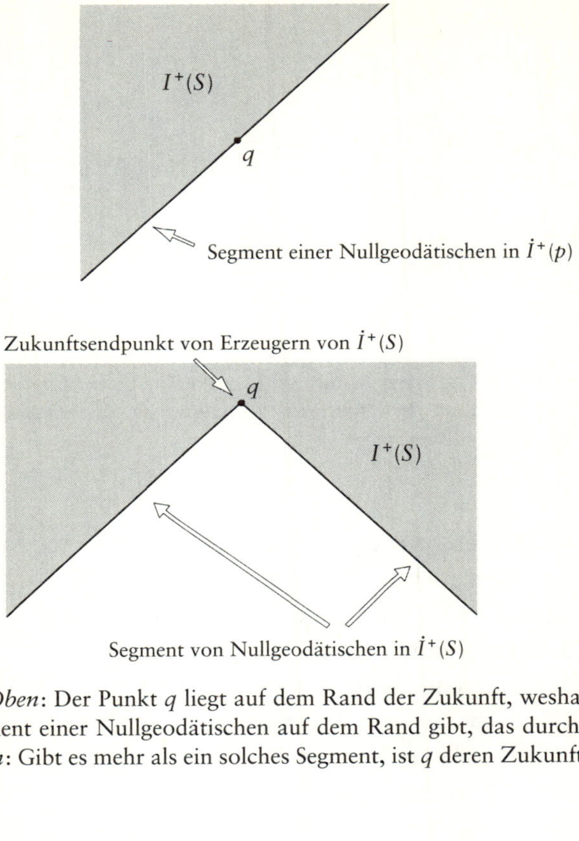

Abb. 1.3: *Oben*: Der Punkt q liegt auf dem Rand der Zukunft, weshalb es ein Segment einer Nullgeodätischen auf dem Rand gibt, das durch q läuft. *Unten*: Gibt es mehr als ein solches Segment, ist q deren Zukunftsendpunkt.

durch q geben, das am Rand liegt, doch würde es sich in diesem Fall bei q um einen Zukunftsendpunkt des Segments handeln. Anders ausgedrückt, der Rand der Zukunft von S wird von Nullgeodätischen erzeugt, die einen Zukunftsendpunkt im Rand besitzen und in das Innere des Zukunftsbereiches überwechseln, falls sie eine andere Erzeugende schneiden. Andererseits können die als Erzeugende fungierenden Null-

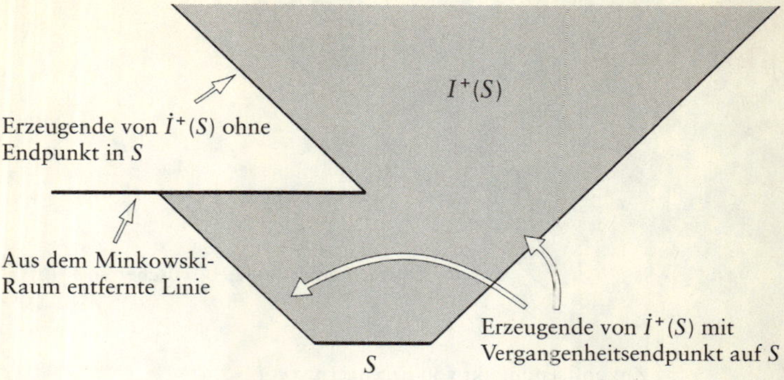

Abb. 1.4: Da aus dem Minkowski-Raum eine Linie entfernt worden ist, besitzt der Rand der Zukunft der Menge *S* eine Erzeugende ohne Vergangenheitsendpunkt.

geodätischen nur Vergangenheitsendpunkte auf *S* haben. Es existieren jedoch Raumzeiten, wo es Erzeugende des Zukunftsrandes einer Menge *S* gibt, die *S* nirgends schneiden. Solche Erzeugenden können keinen Vergangenheitsendpunkt besitzen.

Ein einfaches Beispiel ist der Minkowski-Raum, aus dem ein horizontales Liniensegment entfernt wird (Abb. 1.4). Wenn die Menge *S* in der Vergangenheit dieser horizontalen Linie liegt, wirft die Linie einen Schatten, weshalb es Punkte in der Zukunft nahe dieser Linie gibt, die nicht in der Zukunft von *S* liegen. Der Rand der Zukunft von *S* besitzt eine Erzeugende, die zum Ende der horizontalen Linie zurückläuft. Da jedoch der Endpunkt der horizontalen Linie aus der Raumzeit entfernt wurde, besitzt diese Erzeugende des Randes keinen Vergangenheitsendpunkt. Diese Raumzeit ist unvollständig, doch kann man dies beheben, indem man die Metrik nahe des Endes der horizontalen Linie mit einem geeigneten konformen Faktor multipliziert. Trotz ihrer künstlichen Natur sind solche

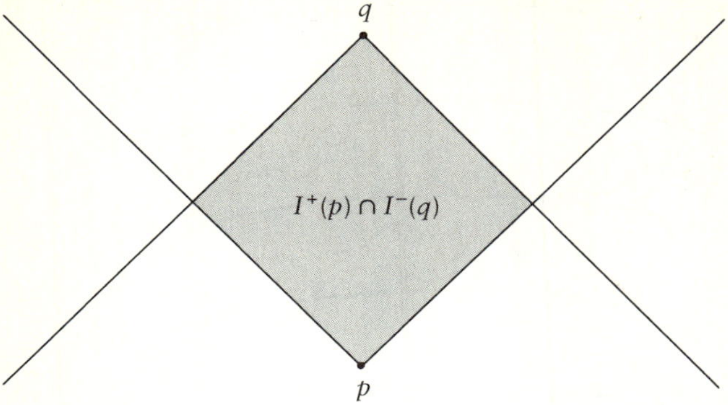

Abb. 1.5: Die Schnittmenge der Vergangenheit von q mit der Zukunft von p besitzt einen kompakten Abschluß.

Räume wichtig, da sie aufzeigen, wie sorgfältig man beim Studium der kausalen Struktur vorgehen muß. Es war Roger Penrose, der als einer der Gutachter meiner Doktorarbeit darauf hinwies, daß ein Raum wie der eben von mir dargestellte ein Gegenbeispiel zu einigen Behauptungen war, die ich in meiner Doktorarbeit aufgestellt hatte.

Um zeigen zu können, daß jede Erzeugende des Zukunftsrandes einen Vergangenheitsendpunkt auf der Menge besitzt, muß man der kausalen Struktur eine globale Bedingung auferlegen. Die weitreichendste und physikalisch wichtigste Bedingung ist die der globalen Hyperbolizität. Eine offene Menge U wird global hyperbolisch genannt, falls

1. für jedes Punktepaar p und q in U die Schnittmenge der Zukunft von p mit der Vergangenheit von q einen kompakten Abschluß besitzt; anders ausgedrückt, es handelt sich um ein beschränktes diamantförmiges Gebiet (Abb. 1.5);

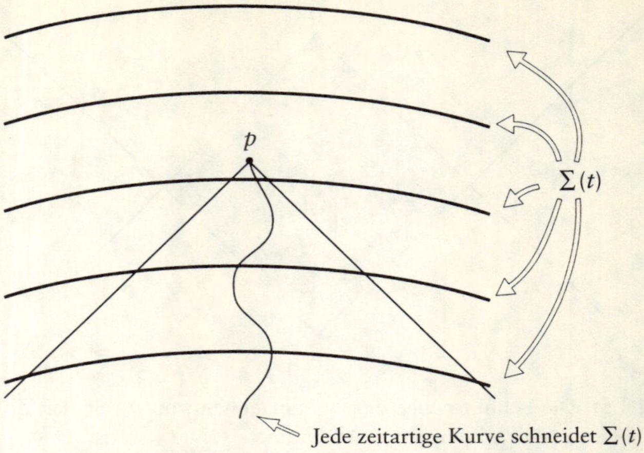

Abb. 1.6: Eine Familie von Cauchy-Flächen für *U*.

2. auf *U* die starke Kausalität gilt, was bedeutet, daß es keine geschlossenen oder beinahe geschlossenen zeitartigen Kurven in *U* gibt.

Die physikalische Bedeutung der globalen Hyperbolizität rührt daher, daß aus ihr die Existenz einer Familie von Cauchy-Flächen $\Sigma(t)$ für *U* folgt (Abb. 1.6). Eine Cauchy-Fläche für *U* ist eine raum- oder lichtartige Fläche, die jede zeitartige Kurve in *U* genau einmal schneidet. Man kann das Geschehen in *U* aus Daten auf der Cauchy-Fläche bestimmen und auf einem global hyperbolischen Hintergrund eine konsistente Quantenfeldtheorie formulieren. Hingegen ist weniger klar, ob sich eine vernünftige Quantenfeldtheorie auf einem Hintergrund formulieren läßt, der nicht global hyperbolisch ist. Globale Hyperbolizität kann daher eine physikalische Notwendigkeit darstellen. Mein Standpunkt ist allerdings,

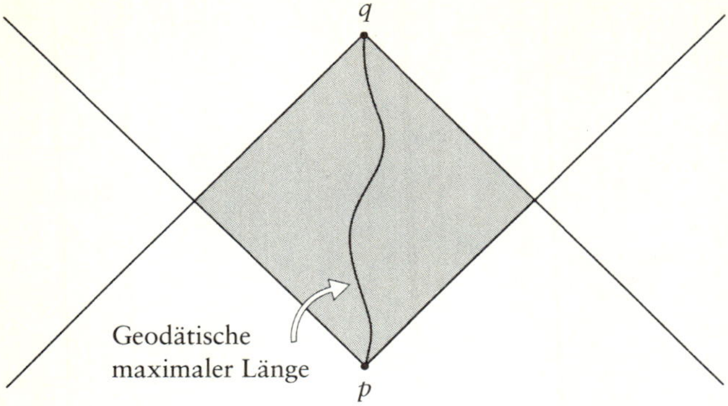

Abb. 1.7: In einem global hyperbolischen Raum gibt es eine Geodätische maximaler Länge, die jedes Punktepaar verbindet, das durch eine zeit- oder lichtartige Kurve verbunden werden kann.

daß man sie nicht voraussetzen sollte, da sonst vielleicht wichtige Eigenschaften der Gravitation ausgeschlossen würden. Man sollte statt dessen aus anderen physikalisch vernünftigen Annahmen schließen, daß gewisse Gebiete der Raumzeit global hyperbolisch sind.

Die Bedeutung der globalen Hyperbolizität für die Singularitätentheoreme rührt von folgender Tatsache her. Sei U global hyperbolisch, und seien p und q Punkte in U, die durch eine zeit- oder lichtartige Kurve verbunden werden können. Dann gibt es eine zeitartige oder lichtartige Geodätische, die p und q verbindet und die Länge von zeit- oder lichtartigen Kurven von p nach q maximiert (Abb. 1.7). Die Beweisführung beruht darauf, zu zeigen, daß der Raum aller zeit- oder lichtartigen Kurven von p nach q in einer gewissen Topologie kompakt ist. Berechnungen ergeben dann, daß die Länge der Kurve eine obere halbstetige Funktion in diesem Raum ist. Sie

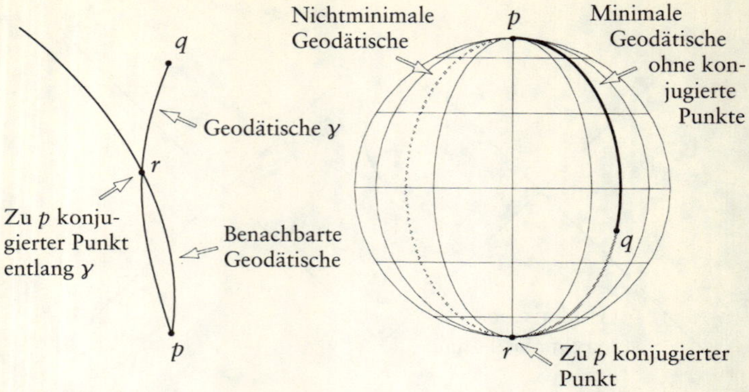

Abb. 1.8: *Links*: Falls es einen konjugierten Punkt r zwischen p und q auf einer Geodätischen gibt, so handelt es sich nicht um die Geodätische minimaler Länge. *Rechts*: Die nichtminimale Geodätische von p nach q besitzt einen konjugierten Punkt am Südpol.

muß deshalb ihr Maximum annehmen, und die Kurve maximaler Länge ist eine Geodätische, da andererseits eine kleine Variation eine längere Kurve ergeben würde.

Man kann nun die zweite Variation der Länge einer Geodätischen γ betrachten und zeigen, daß man aus γ durch Variation eine längere Kurve findet, falls es eine infinitesimal benachbarte Geodätische durch p gibt, die γ wiederum an einem Punkt r zwischen p und q schneidet. Von Punkt r heißt es, er sei zu p konjugiert (Abb. 1.8). Dies läßt sich veranschaulichen, indem man zwei Punkte p und q auf der Erdoberfläche betrachtet. Ohne Beschränkung der Allgemeinheit kann man p auf den Nordpol der Erde setzen. Da die Erde statt einer Lorentzschen eine positiv definite Metrik besitzt, gibt es statt einer Geodätischen maximaler eine solche von minimaler Länge. Diese minimale Geodätische wird auf dem Längenkreis vom Nordpol zum Punkt q laufen. Es gibt aber noch eine andere Geodätische von p nach q, die auf der anderen Seite vom Nordpol zum Südpol verläuft und erst dann nach q hoch. Diese Geodätische besitzt am Südpol, wo sich alle Geodätischen aus p treffen, einen zu p konjugierten Punkt. Bei beiden Geodätischen von p nach q bleibt die Länge unter einer kleinen Variation stationär. Bei einer positiv definiten Metrik kann jedoch die zweite Variation einer Geodätischen, die einen konjugierten Punkt enthält, eine kürzere Kurve von p nach q ergeben. Im Beispiel der Erde können wir also schließen, daß es sich bei der Kurve, die zuerst zum Südpol läuft und dann wieder nach oben, nicht um die kürzeste Kurve von p nach q handeln kann. Dieses Beispiel ist eindeutig, doch kann man im Falle der Raumzeit zeigen, daß es unter gewissen Annahmen ein global hyperbolisches Gebiet geben muß, in dem auf jeder Geodätischen zwischen zwei Punkten konjugierte Punkte liegen. Hieraus folgt ein Widerspruch, der besagt, daß die Annahme der geodätischen Vollständigkeit, die man als Definition einer nichtsingulären Raumzeit verstehen kann, falsch ist.

Es gibt konjugierte Punkte in einer Raumzeit, weil die Gravitation anziehend wirkt. Deshalb krümmt sie die Raumzeit in einer Weise, daß sich benachbarte Geodätische zueinander hinbiegen, anstatt sich voneinander fortzubewegen. Man kann dies der Raychaudhuri- oder der Newman-Penrose-Gleichung entnehmen, die ich in einheitlicher Form formulieren will.

Raychaudhuri-Newman-Penrose-Gleichung

$$\frac{d\rho}{dv} = \rho^2 + \sigma^{ij}\sigma_{ij} + \frac{1}{n}R_{ab}l^a l^b,$$

wobei $n = 2$ für Nullgeodätische,

$n = 3$ für zeitartige Geodätische.

Hierin bezeichnet υ einen affinen Parameter entlang einer Kongruenz von Geodätischen mit Tangentenvektor l^a, die hyperflächenorthogonal ist. Die Größe p ist die gemittelte Konvergenzrate der Geodätischen und σ ein Maß für die Scherung. Der Term $R_{ab} l^a l^b$ gibt den direkten gravitativen Einfluß der Materie auf die Kongruenz von Geodätischen an.

Einstein-Gleichungen

$$R_{ab} - \frac{1}{2} g_{ab} R = 8\pi T_{ab}.$$

Schwache Energiebedingung

$$T_{ab} \upsilon^a \upsilon^b \geq 0$$

für jeden zeitartigen Vektor υ^a.

Aufgrund der Einstein-Gleichungen wird er für jeden lichtartigen Vektor l^a nicht negativ sein, falls die Materie der sogenannten schwachen Energiebedingung genügt, die besagt, daß die Energiedichte T_{00} in jedem Bezugssystem nicht negativ ist. Die schwache Energiebedingung wird von dem klassischen Energie-Impuls-Tensor jeder vernünftigen Materieform erfüllt, beispielsweise einem skalaren oder elektromagnetischen Feld oder einer Flüssigkeit mit einer vernünftigen Zustandsgleichung. Sie mag jedoch lokal durch den quantenmechanischen Erwartungswert des Energie-Impuls-Tensors verletzt sein. Das wird in meiner zweiten und dritten Vorlesung eine Rolle spielen (Kapitel 3 und 5).

Angenommen, es gelte die schwache Energiebedingung, die Nullgeodätischen aus einem Punkt p begännen wieder zu konvergieren und ρ habe den positiven Wert von ρ_0. Aus der

Newman-Penrose-Gleichung würde dann folgen, daß die Konvergenz ρ an einem Punkt q innerhalb einer Entfernung $\frac{1}{\rho_0}$ des affinen Parameters unendlich groß werden würde, falls man die Nullgeodätische so weit fortsetzen könnte.

> Falls $\rho = \rho_0$ bei $v = v_0$, dann $\rho \geq \frac{1}{\rho^{-1} + v_0 - v}$. Es gibt also einen konjugierten Punkt vor $v = v_0 + \rho^{-1}$.

Infinitesimal benachbarte Nullgeodätische aus p werden sich in q schneiden. Dies bedeutet, daß der Punkt q entlang der Nullgeodätischen γ, die p und q verbindet, zu p konjugiert ist. Zu einem Punkt auf γ jenseits des konjugierten Punktes q gibt es eine Variation von γ, die eine zeitartige Kurve von p zu diesem Punkt liefert. Also kann γ jenseits des konjugierten Punktes q nicht im Rand der Zukunft von p liegen. Deshalb besitzt γ als Erzeugende des Zukunftsrandes von p einen Zukunftsendpunkt (Abb. 1.9).

Mit zeitartigen Geodätischen verhält es sich ähnlich, nur daß man hier die starke Energiebedingung benötigt, um $R_{ab}l^a l^b$ für jeden zeitartigen Vektor l^a nicht negativ zu machen, welche, wie der Name schon sagt, viel stärker ist. In einem gemittelten Sinne ist sie aber in der klassischen Theorie noch immer sinnvoll. Falls die starke Energiebedingung gilt und die zeitartigen Geodätischen aus p wieder zu konvergieren beginnen, gibt es einen zu p konjugierten Punkt q.

> **Starke Energiebedingung**
>
> $$T_{ab}v^a v^b \geq \frac{1}{2} v^a v_a T$$

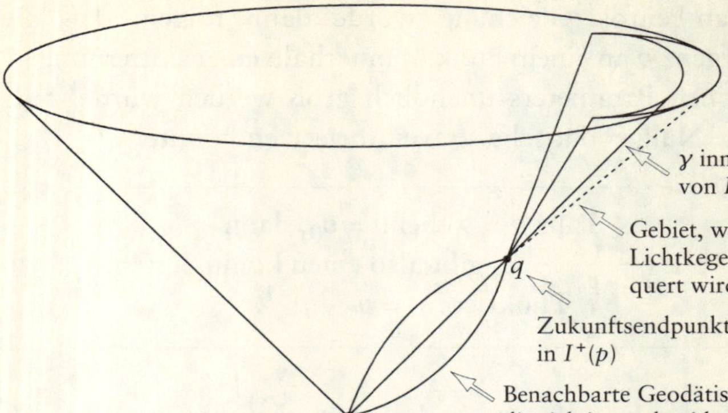

Abb. 1.9: Der Punkt q ist zu p entlang von Nullgeodätischen konjugiert, weshalb eine Nullgeodätische γ, die p mit q verbindet, den Rand der Zukunft von p bei q verläßt.

Schließlich gibt es noch die generische Energiebedingung. Dazu muß zunächst die starke Energiebedingung gelten. Darüber hinaus muß jede zeit- oder lichtartige Geodätische auf einen Punkt mit einer Krümmung treffen, die nicht speziell auf die Geodätische ausgerichtet ist. Die generische Energiebedingung wird von einer Reihe exakter Lösungen nicht erfüllt. Diese sind aber von ziemlich ausgefallener Art. Man würde erwarten, daß sie von Lösungen erfüllt wird, die in einem geeigneten Sinne «generisch» sind. Falls die generische Energiebedingung erfüllt ist, wird jede Geodätische auf ein Gebiet treffen, in dem sie durch die Gravitation fokussiert wird. Also gibt es Paare von konjugierten Punkten, falls man die Geodätische weit genug in jede Richtung ausdehnen kann.

Generische Energiebedingung

1. Die starke Energiebedingung gilt.
2. Jede zeit- oder lichtartige Geodätische enthält einen Punkt, an dem $l_{[a}R_{b]cd[e}l_{f]}l^c l^d \neq 0$.

Normalerweise stellt man sich eine raumzeitliche Singularität als ein Gebiet vor, in dem die Krümmung unbeschränkt groß wird. Das Problematische an dieser Definition ist jedoch, daß man die singulären Punkte einfach auslassen und dann behaupten könnte, die verbliebene Mannigfaltigkeit sei die ganze Raumzeit. Es ist deshalb besser, die Raumzeit als die maximale Mannigfaltigkeit zu definieren, auf der die Metrik hinreichend glatt ist. Man kann dann das Vorhandensein von Singularitäten daran erkennen, daß es unvollständige Geodätische gibt, die man nicht bis zu unendlichen Werten des affinen Parameters fortsetzen kann.

Definition einer Singularität

Eine Raumzeit ist singulär, wenn sie bezüglich zeitartiger oder lichtartiger Geodätischer unvollständig ist und nicht in eine größere Raumzeit eingebettet werden kann.

Diese Definition bezieht sich auf die umstrittenste Eigenschaft einer Singularität, daß es nämlich Teilchen geben kann, deren Geschichte einen Anfang oder ein Ende bei einer endlichen Zeit hat. Es gibt Beispiele, in denen geodätische Unvollständigkeit vorliegen kann, obwohl die Krümmung beschränkt bleibt, doch nimmt man an, daß im allgemeinen die Krümmung entlang unvollständiger Geodätischer divergiert. Das ist wichtig, wenn man auf Quanteneffekte verweist, um die Probleme zu lösen, die durch Singularitäten in der klassischen Allgemeinen Relativitätstheorie auftreten.

Zwischen 1965 und 1970 machten Roger Penrose und ich von den eben beschriebenen Techniken Gebrauch, um eine Reihe von Singularitätentheoremen zu beweisen. Diese Theoreme weisen drei Arten von Bedingungen auf. Zunächst gibt es eine Energiebedingung, etwa die schwache, starke oder generische. Dann gibt es eine globale Bedingung an die kausale Struktur von der Art, daß es keine geschlossenen zeitartigen Kurven geben soll. Schließlich gibt es eine Bedingung, die besagt, daß die Gravitation in einem gewissen Gebiet so stark ist, daß nichts daraus entweichen kann.

Singularitätentheoreme

1. Energiebedingung.
2. Bedingung an die globale Struktur.
3. Gravitation stark genug, um ein gefangenes Gebiet zu erzeugen.

Die dritte Bedingung kann auf unterschiedliche Weise verwirklicht werden. Eine Möglichkeit wäre die Annahme, daß der räumliche Querschnitt des Universums abgeschlossen ist, da es dann kein außerhalb liegendes Gebiet gibt, in das man entkommen könnte. Eine andere Möglichkeit wäre die Existenz einer sogenannten geschlossenen gefangenen Fläche. Dabei handelt es sich um eine geschlossene zweidimensionale

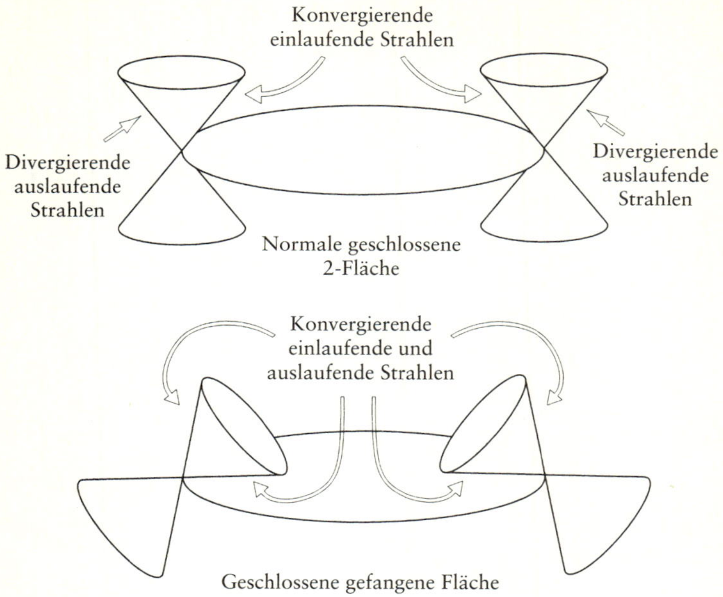

Abb. 1.10: Bei einer normalen geschlossenen Fläche divergieren die auslaufenden Lichtstrahlen, während die einlaufenden konvergieren. Bei einer geschlossenen gefangenen Fläche konvergieren sowohl die einlaufenden als auch die auslaufenden Lichtstrahlen.

Fläche mit der Eigenschaft, daß sowohl die orthogonal einlaufenden als auch die orthogonal auslaufenden Nullgeodätischen konvergieren (Abb. 1.10). Für den üblichen Fall einer zweidimensionalen Kugelfläche im Minkowski-Raum konvergieren zwar die einlaufenden Nullgeodätischen, die auslaufenden divergieren jedoch. Wenn ein Stern kollabiert, kann das Gravitationsfeld aber so stark sein, daß die Lichtkegel nach innen geneigt sind, was bedeutet, daß selbst die auslaufenden Nullgeodätischen konvergieren.

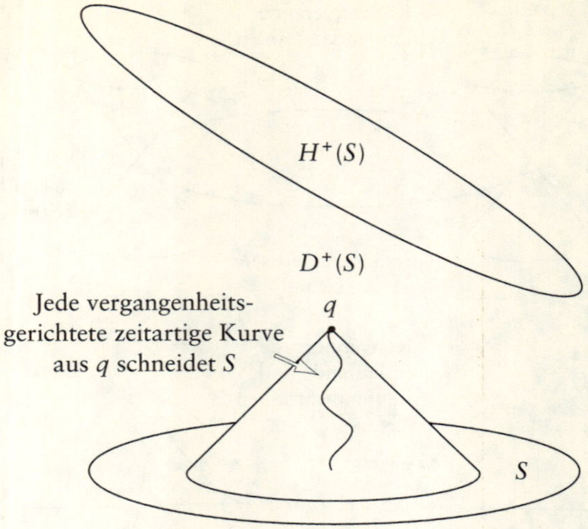

Abb. 1.11: Die Zukunfts-Cauchy-Entwicklung $D^+(S)$ einer Menge S und ihr Zukunftsrand, der Cauchy-Horizont $H^+(S)$.

Aus den verschiedenen Singularitätentheoremen folgt, daß die Raumzeit zeitartig oder lichtartig geodätisch unvollständig sein muß, falls unterschiedliche Kombinationen der drei Klassen von Bedingungen erfüllt sind. Man kann eine Bedingung abschwächen, wenn man sich dafür bei den beiden anderen für eine stärkere Version entscheidet. Ich werde dies durch das Hawking-Penrose-Theorem veranschaulichen. Bei ihm wird die generische Energiebedingung, die stärkste der drei Bedingungen, verlangt. Die globale Bedingung ist ziemlich schwach und besagt nur, daß es keine geschlossenen zeitartigen Kurven geben darf. Die Nichtentweichbedingung ist die allgemeinste und besagt, daß es entweder eine gefangene Fläche oder eine geschlossene raumartige dreidimensionale Fläche gibt.

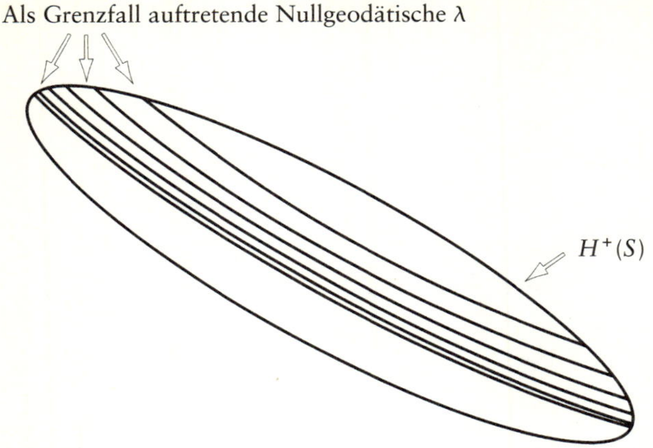

Abb. 1.12: Es gibt als Grenzfall eine Nullgeodätische λ im Cauchy-Horizont, die keinen Vergangenheits- oder Zukunftsendpunkt im Cauchy-Horizont besitzt.

Der Einfachheit halber werde ich nur den Beweis für den Fall einer geschlossenen raumartigen dreidimensionalen Fläche S andeuten. Man definiert die Zukunfts-Cauchy-Entwicklung $D^+(S)$ als das Gebiet von Punkten q, von denen aus jede in die Vergangenheit gerichtete zeitartige Kurve S schneidet (Abb. 1.11). Die Cauchy-Entwicklung ist das Gebiet der Raumzeit, das durch Daten auf S vorhergesagt werden kann. Nehmen wir nun an, die Zukunfts-Cauchy-Entwicklung sei kompakt. Dies würde bedeuten, daß die Cauchy-Entwicklung einen Zukunftsrand besäße, der als *Cauchy-Horizont* $H^+(S)$ bezeichnet wird. Durch ein ähnliches Argument wie im Falle des Zukunftsrandes eines Punktes kann man zeigen, daß ein solcher Cauchy-Horizont durch Segmente von Nullgeodätischen ohne Endpunkte in der Vergangenheit erzeugt würde. Da jedoch angenommen wurde, die Cauchy-Entwicklung sei

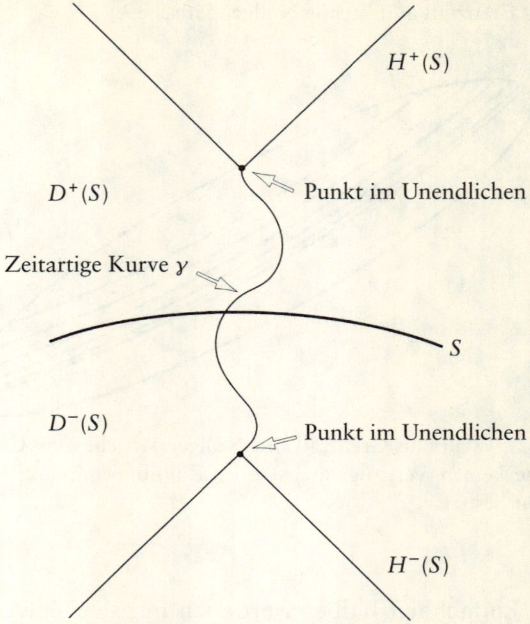

Abb. 1.13: Ist die Zukunfts-/Vergangenheits-Cauchy-Entwicklung nicht kompakt, gibt es eine in die Zukunft/Vergangenheit gerichtete zeitartige Kurve von *S*, welche die Zukunfts-/Vergangenheits-Cauchy-Entwicklung nie verläßt.

kompakt, wird auch der Cauchy-Horizont kompakt sein. Dies bedeutet, daß sich die als Erzeugende fungierenden Nullgeodätischen im Innern einer kompakten Menge umherwinden. Sie werden sich im Grenzfall einer Nullgeodätischen λ annähern, die keine Vergangenheits- oder Zukunftsendpunkte im Cauchy-Horizont hat (Abb. 1.12). Wäre λ aber geodätisch vollständig, würde aus der generischen Energiebedingung folgen, daß sie konjugierte Punkte p und q enthielte. Punkte auf

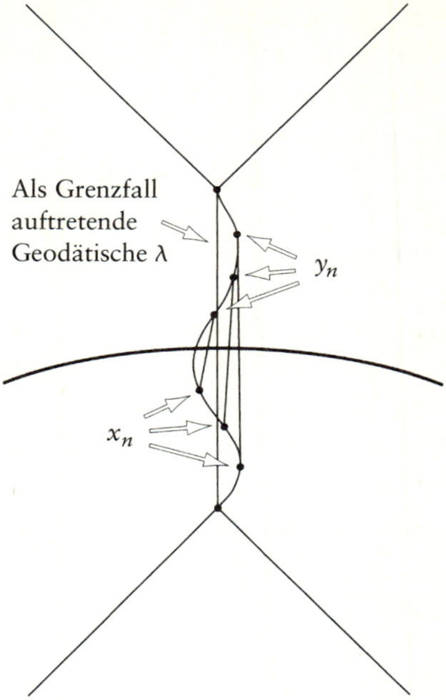

Abb. 1.14: Die Geodätische λ, welche als Grenzkurve der γ_n auftritt, ist unvollständig, weil sie sonst konjugierte Punkte enthalten würde.

λ, die jenseits von *p* und *q* liegen, könnten durch eine zeitartige Kurve verbunden werden. Das ergäbe aber einen Widerspruch, da keine zwei Punkte im Cauchy-Horizont zeitartig getrennt sein können. Deshalb muß λ entweder geodätisch unvollständig sein und das Theorem wäre bewiesen, oder die Zukunfts-Cauchy-Entwicklung von *S* ist nicht kompakt.

Liegt der letztere Fall vor, so kann man zeigen, daß eine zukunftsgerichtete zeitartige Kurve *γ* von *S* ausgeht, welche die Zukunfts-Cauchy-Entwicklung von *S* nie verläßt. Ein ähnliches Argument zeigt, daß *γ* zu einer Kurve in die Vergangenheit fortgesetzt werden kann, die niemals die Vergangenheits-Cauchy-Entwicklung $D^{-}(S)$ verläßt (Abb. 1.13). Man betrachte nun eine Folge von Punkten x_n auf γ in Richtung Vergangenheit und eine ähnliche Folge y_n von Punkten in die Zukunft. Für jeden Wert n sind die Punkte x_n und y_n zeitartig getrennt und liegen in der global hyperbolischen Cauchy-Entwicklung von S. Es gibt also eine zeitartige Geodätische maximaler Länge λ_n von x_n nach y_n. Alle λ_n werden die kompakte raumartige Fläche von S überqueren. Dies bedeutet, daß es eine zeitartige Geodätische λ in der Cauchy-Entwicklung gibt, die als Grenzfall der zeitartigen Geodätischen λ_n erscheint (Abb. 1.14). Entweder ist λ unvollständig und das Theorem bewiesen, oder sie enthält wegen der generischen Energiebedingung konjugierte Punkte. In diesem Fall aber würde λ_n für genügend großes n konjugierte Punkte enthalten. Das ergäbe einen Widerspruch, da angenommen wurde, daß die λ_n Kurven maximaler Länge sind. Man kann deshalb schließen, daß die Raumzeit zeit- oder lichtartig geodätisch unvollständig ist. Anders ausgedrückt, es gibt eine Singularität.

Das Theorem sagt Singularitäten in zwei Situationen voraus. Eine betrifft die Zukunft beim Gravitationskollaps von Sternen und anderen massereichen Körpern. Solche Singularitäten würden ein Ende der Zeit darstellen, zumindest für Teilchen, die sich auf den unvollständigen Geodätischen bewegen. Die andere Situation, für die Singularitäten vorhergesagt werden, betrifft die Vergangenheit, den Beginn der Expansion des Universums. Dies führte dazu, daß (hauptsächlich von russischen Physikern unternommene) Versuche eingestellt wurden, die zeigen sollten, daß es vorher eine kontrahierende Phase gegeben hatte und danach ein nichtsingulärer Rückprall in eine Expansion. Statt dessen glaubt heute fast jeder, das Universum und die Zeit selbst hätten beim Urknall zu existieren begonnen. Diese Entdeckung ist von viel höherem Rang als die einiger instabiler Teilchen, obwohl sie bisher nicht gerade großzügig mit Nobelpreisen bedacht wurde.

Die Vorhersage von Singularitäten bedeutet, daß die klassische Allgemeine Relativitätstheorie keine vollständige Theorie ist. Da man die singulären Punkte aus der Raumzeitmannigfaltigkeit heraustrennen muß, kann man dort die Feldgleichungen nicht definieren und nicht vorhersagen, was aus einer Singularität kommt. Bei der Singularität in der Vergangenheit scheint der einzige Weg, mit diesem Problem fertig zu werden, darin zu bestehen, die Quantengravitation zu bemühen. Ich werde in meiner dritten Vorlesung darauf zurückkommen (Kapitel 5). Die Singularitäten, die für die Zukunft vorhergesagt werden, scheinen jedoch eine Eigenschaft zu haben, die Penrose als *kosmische Zensur* bezeichnet. Das bedeutet, daß sie üblicherweise an Stellen vorkommen, etwa im Innern Schwarzer Löcher, die äußeren Beobachtern verborgen bleiben. Jeder Zusammenbruch der Vorhersagbarkeit, der bei solchen Singularitäten erfolgen mag, würde also keinen Einfluß darauf haben, was sich in der Außenwelt abspielt, zumindest nicht im Rahmen der klassischen Theorie.

Kosmische Zensur

Die Natur verabscheut nackte Singularitäten.

Wie ich jedoch in meiner nächsten Vorlesung zeigen werde, gibt es Unvorhersagbarkeit in der Quantentheorie, was damit zusammenhängt, daß Gravitationsfelder eine intrinsische Entropie haben können, die nicht einfach das Ergebnis einer Grobkörnung ist. Gravitationsentropie und die Tatsache, daß

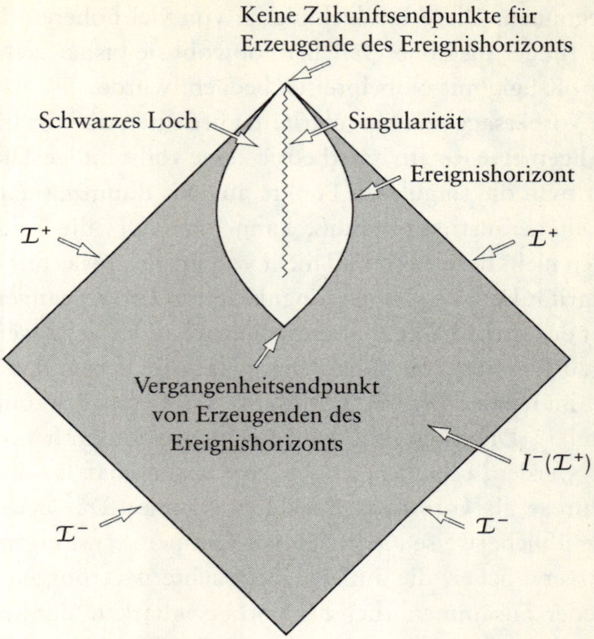

Abb. 1.15: Ein kollabierender Stern, der konform in eine Mannigfaltigkeit mit Rand eingebettet ist.

die Zeit einen Anfang und möglicherweise ein Ende hat, sind die beiden Themen meiner Vorlesungen, da sie die Art und Weise beschreiben, auf die sich die Gravitation stark von anderen physikalischen Feldern unterscheidet.

Daß es in der Gravitationstheorie eine Größe gibt, die sich wie Entropie verhält, wurde zunächst in der rein klassischen Theorie festgestellt. Dies hat mit Penroses *Vermutung der kosmischen Zensur* zu tun. Obwohl nicht bewiesen, glaubt man, daß sie auf geeignet allgemeine Anfangsdaten und Zustandsgleichungen zutrifft. Ich werde eine schwache Form der kosmischen Zensur gebrauchen. Man gestattet sich die Näherung, das Gebiet um einen kollabierenden Stern als asymptomatisch flach zu behandeln. Wie Penrose zeigte, kann man dann die Raumzeitmannigfaltigkeit M konform in eine Mannigfaltigkeit mit Rand $\bar{M}$ einbetten (Abb. 1.15). Der Rand ∂M ist dann eine lichtartige Fläche und besteht aus zwei Komponenten, die man als das lichtartig Zukunftsunendliche ($\mathcal{I}^+$) und das lichtartig Vergangenheitsunendliche ($\mathcal{I}^-$) bezeichnet. Ich sage, daß die schwache kosmische Zensur gilt, wenn zwei Bedingungen erfüllt sind. Die erste besagt, daß die Nullgeodätischen, die als Erzeugende von $\mathcal{I}^+$ fungieren, bezüglich einer gewissen konformen Metrik vollständig sind. Dies bedeutet, daß Beobachter weitab von dem kollabierenden Stern ihr gewohntes Alter erreichen können und nicht von einer blitzartigen Singularität getroffen werden, die von diesem Stern ausgesandt wird. Zweitens nimmt man an, daß die Vergangenheit von $\mathcal{I}^+$ global hyperbolisch ist. Mit anderen Worten, in großen Entfernungen können keine nackten Singularitäten wahrgenommen werden. Penrose benutzt eine stärkere Form der kosmischen Zensur, die von der Annahme ausgeht, daß die gesamte Raumzeit global hyperbolisch ist. Die schwache Form wird jedoch für meine Zwecke ausreichen.

Schwache kosmische Zensur

1. $\mathcal{I}^+$ und $\mathcal{I}^-$ sind vollständig.
2. $I^-(\mathcal{I}^+)$ ist global hyperbolisch.

Falls die schwache kosmische Zensur gilt, sind die Singularitäten, die für einen Gravitationskollaps vorhergesagt werden, von $\mathcal{I}^+$ aus unsichtbar, was bedeutet, daß es ein Gebiet

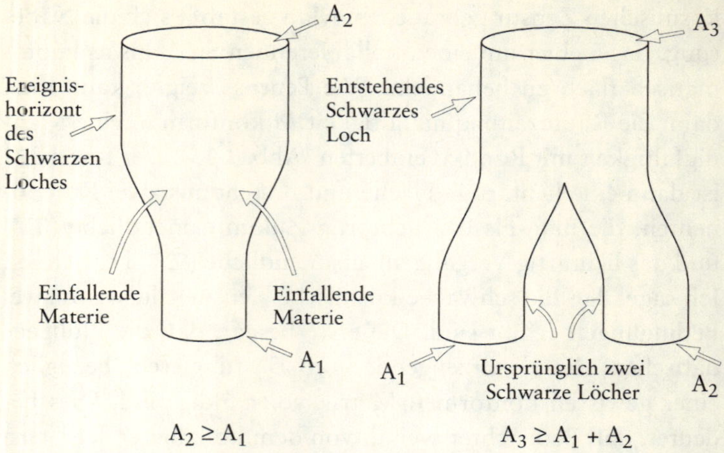

Abb. 1.16: Wenn wir Materie in ein Schwarzes Loch werfen oder zwei Schwarzen Löchern erlauben, sich zu verschmelzen, nimmt die Gesamtoberfläche der Ereignishorizonte nie ab.

in der Raumzeit geben muß, das nicht in der Vergangenheit von $\mathcal{I}^+$ liegt. Dieses Gebiet wird als Schwarzes Loch bezeichnet, da weder Licht noch sonst etwas aus ihm entkommen kann. Den Rand des Schwarzen Loches nennt man den *Ereignishorizont*. Da er auch der Rand der Vergangenheit von $\mathcal{I}^+$ ist, wird der Ereignishorizont durch Segmente von Nullgeodätischen erzeugt, die eventuell Endpunkte in der Vergangenheit haben, aber keine Endpunkte in der Zukunft. Hieraus folgt, daß die Erzeuger des Horizonts nicht konvergieren können, wenn die schwache Energiebedingung gilt. Täten sie dies, würden sie sich nach einer endlichen Entfernung schneiden.

Deshalb besitzt der Querschnitt des Ereignishorizonts einen Flächeninhalt, der niemals mit der Zeit abnehmen kann; im allgemeinen wird er zunehmen. Wenn zwei Schwarze Löcher zusammenstoßen und verschmelzen, wird darüber hinaus die Oberfläche des entstehenden Schwarzen Loches größer sein als die Summe der Oberflächen der ursprünglichen Schwarzen Löcher (Abb. 1.16). Ganz ähnlich verhält sich nach dem Zweiten Hauptsatz der Thermodynamik die Entropie. Sie kann niemals abnehmen, und die Entropie eines Gesamtsystems ist größer als die Entropiesumme seiner Teile.

Zweiter Hauptsatz der Mechanik Schwarzer Löcher

$$\delta A \geq 0$$

Zweiter Hauptsatz der Thermodynamik

$$\delta S \geq 0$$

Erster Hauptsatz der Mechanik Schwarzer Löcher

$$\delta E = \frac{\kappa}{8\pi}\delta A + \Omega\delta J + \Phi\delta Q$$

Erster Hauptsatz der Thermodynamik

$$\delta E = T\delta S + P\delta V$$

Die Ähnlichkeit mit der Thermodynamik verstärkt sich noch durch den sogenannten *Ersten Hauptsatz der Mechanik Schwarzer Löcher*. Dieser verknüpft die Massenänderung eines Schwarzen Loches mit der Änderung der Oberfläche des Ereignishorizonts, der Änderung seines Drehimpulses und der Änderung seiner elektrischen Ladung. Man kann das mit dem Ersten Hauptsatz der Thermodynamik vergleichen, der die Änderung der inneren Energie mit der Änderung der Entropie und der von außen an dem System geleisteten Arbeit verknüpft. Wenn die Oberfläche des Horizonts analog zur Entropie ist, so ist die zur Temperatur analoge Größe die sogenannte Oberflächengravitation eines Schwarzen Loches κ. Sie ist ein Maß für die Stärke des Gravitationsfeldes am Ereignishorizont. Die Analogie zur Thermodynamik verstärkt sich weiter durch den *Nullten Hauptsatz der Mechanik Schwarzer Löcher*: Die Oberflächengravitation ist auf dem Ereignishorizont eines zeitunabhängigen Schwarzen Loches überall dieselbe.

Nullter Hauptsatz der Mechanik Schwarzer Löcher

κ ist auf dem Horizont eines zeitunabhängigen Schwarzen Loches konstant.

Nullter Hauptsatz der Thermodynamik

T ist für ein System im thermischen Gleichgewicht konstant.

Durch diese Analogien ermutigt, äußerte Bekenstein (1972) die Vermutung, daß ein Vielfaches der Oberfläche des Ereignishorizonts tatsächlich die Entropie eines Schwarzen Loches sei. Er schlug einen verallgemeinerten Zweiten Hauptsatz vor: Die Summe dieser Schwarzlochentropie und der Entropie von Materie außerhalb Schwarzer Löcher nimmt nie ab.

Verallgemeinerter Zweiter Hauptsatz

$$\delta(S + cA) \geq 0$$

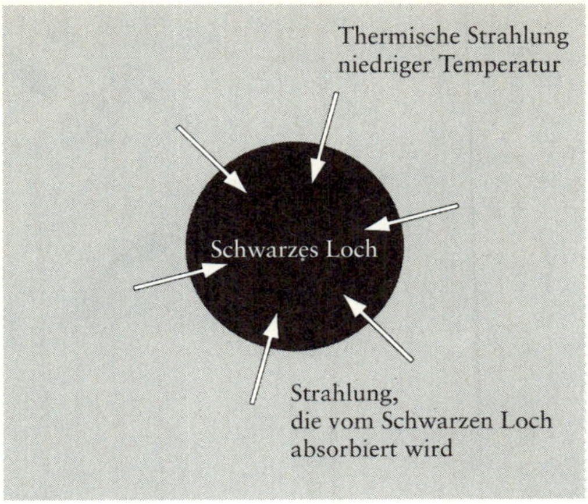

Abb. 1.17: Ein Schwarzes Loch, das sich im Kontakt mit thermischer Strahlung befindet, absorbiert einen Teil der Strahlung, kann aber aufgrund der klassischen Theorie nichts nach außen senden.

Dieser Vorschlag war jedoch nicht konsistent. Falls Schwarze Löcher eine Entropie proportional zur Horizontfläche haben, sollten sie auch eine nichtverschwindende Temperatur proportional zur Oberflächengravitation besitzen. Man betrachte ein Schwarzes Loch, das mit thermischer Strahlung, die eine niedrigere Temperatur als die Schwarzlochtemperatur besitzt, in Kontakt steht (Abb. 1.17). Das Schwarze Loch wird zwar einen Teil der Strahlung absorbieren, aber nicht in der Lage sein, irgend etwas auszusenden, da nach der klassischen Theorie nichts aus einem Schwarzen Loch entkommen kann. Es gibt also einen Wärmestrom von der kühleren thermischen Strahlung zum wärmeren Schwarzen Loch. Dabei wäre der verallgemeinerte Zweite Hauptsatz verletzt, da der Entropieverlust der thermischen Strahlung größer als die Zunahme der Schwarzlochentropie wäre. Wie wir jedoch bei meiner

Abb. 1.18

nächsten Vorlesung sehen werden, ergab sich wieder ein konsistentes Bild, nachdem man entdeckt hatte, daß Schwarze Löcher Strahlung aussenden, die exakt thermisch ist. Dieses Ergebnis ist zu schön, um Zufall oder nur eine Näherung zu sein. Es sieht also so aus, als besäßen Schwarze Löcher in der Tat eine intrinsische Gravitationsentropie. Wie ich noch zeigen werde, hängt das mit der nichttrivialen Entropie eines Schwarzen Loches zusammen. Wegen der intrinsischen Entropie führt die Gravitation ein Element der Unvorhersagbarkeit ein, das über der Unsicherheit liegt, die man üblicherweise mit der Quantentheorie verbindet. Einstein hatte also unrecht, als er behauptete, daß Gott nicht würfle. Berücksichtigt man die Existenz Schwarzer Löcher, so würfelt Gott nicht nur, sondern verwirrt uns manchmal dadurch, daß er die Würfel dorthin wirft, wo sie nicht gesehen werden können (Abb. 1.18).

KAPITEL ZWEI

ZUR STRUKTUR RAUMZEITLICHER SINGULARITÄTEN

Roger Penrose

In seinem ersten Vortrag hat Stephen Hawking die Singularitätentheoreme diskutiert. Im wesentlichen besagen sie, daß unter vernünftigen (globalen) Bedingungen die Existenz von Singularitäten erwartet werden muß. Über deren Natur und tatsächliches Vorkommen schweigen sich die Theoreme aus. Da sie andererseits von sehr allgemeiner Beschaffenheit sind, drängt sich die Frage nach der geometrischen Natur einer raumzeitlichen Singularität auf. Üblicherweise nimmt man an, daß sich eine Singularität durch eine divergierende Krümmung auszeichnet. Allerdings entspricht dem nicht genau, was aus den Singularitätentheoremen folgt.

Singularitäten treten beim Urknall auf, bei Schwarzen Löchern und beim Endknall (der selbst als eine Vereinigung von Schwarzen Löchern angesehen werden kann). Sie mögen auch als nackte Singularitäten in Erscheinung treten. In diesem Zusammenhang stellt sich die Frage nach der sogenannten *kosmischen Zensur*, worunter man die Hypothese von der Nichtexistenz nackter Singularitäten versteht.

Um die Vorstellung von der kosmischen Zensur zu erklären, will ich ein wenig auf die Geschichte dieses Themas eingehen. Das erste explizite Beispiel einer Lösung der Einstein-Gleichungen, das ein Schwarzes Loch beschreibt, war

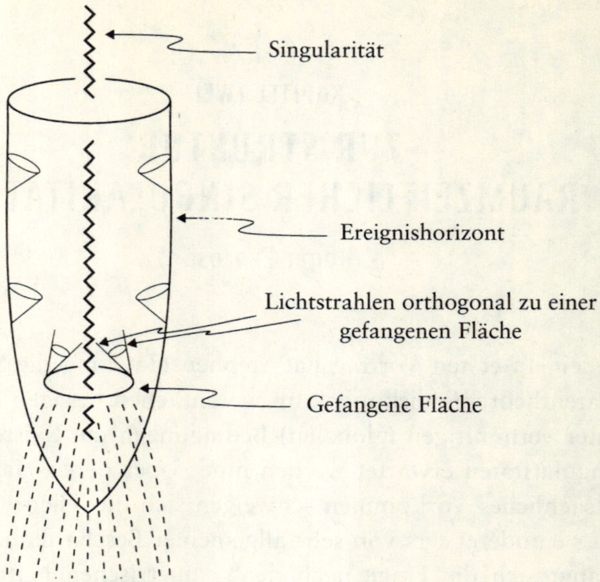

Abb. 2.1: Das Oppenheimer-Snyder-Modell einer kollabierenden Staubwolke, das eine gefangene Fläche veranschaulicht.

die kollabierende Staubwolke von Oppenheimer und Snyder (1939). Bei ihr befindet sich im Innern eine Singularität, doch da sie vom Ereignishorizont umgeben ist, kann man sie von außen nicht sehen. Dieser Horizont ist die Fläche, innerhalb deren von Ereignissen keine Signale ins Unendliche gelangen können. Die Annahme lag nahe, daß dieses Bild generisch ist, also den allgemeinen Gravitationskollaps beschreibt. Das Oppenheimer-Snyder-Modell besitzt allerdings eine spezielle Symmetrie (nämlich sphärische Symmetrie), und es bleibt unklar, ob es tatsächlich repräsentativ ist.

Da die Einstein-Gleichungen im allgemeinen schwer zu lösen sind, sucht man statt dessen nach globalen Eigenschaften, aus denen die Existenz von Singularitäten folgt. Beispielsweise besitzt das Oppenheimer-Synder-Modell eine gefangene Fläche, die dadurch gekennzeichnet ist, daß ihre Oberfläche entlang von Lichtstrahlen, die anfänglich orthogonal zu ihr verlaufen, abnimmt (Abb. 2.1).

Man könnte zu zeigen versuchen, daß die Existenz einer gefangenen Fläche die Existenz einer Singularität nach sich zieht. (Das war das erste Singularitätentheorem, das ich beweisen konnte, wobei ich vernünftige kausale Eigenschaften, aber keine sphärische Symmetrie annahm; siehe Penrose 1965.) Ähnliche Ergebnisse lassen sich ableiten, wenn man die Existenz eines konvergierenden Lichtkegels annimmt (Hawking und Penrose 1970; ein solcher Fall liegt vor, wenn alle Lichtstrahlen, die von einem Punkt aus in verschiedene Richtungen ausgesandt werden, zu einem späteren Zeitpunkt beginnen, sich anzunähern).

Stephen Hawking (1965) bemerkte schon sehr früh, daß man mein ursprüngliches Argument im Rahmen der Kosmologie umdrehen, also auf die zeitumgekehrte Situation anwenden kann. Eine umgedrehte gefangene Fläche führt dann dazu, daß es in der Vergangenheit eine Singularität gegeben haben muß (sofern man geeignete Kausalitätsannahmen trifft). Die (zeitumgekehrte) gefangene Fläche ist in diesem Fall sehr groß, nämlich von kosmologischen Ausmaßen.

Wir wollen uns hier hauptsächlich mit dem Fall eines Schwarzen Loches befassen. Wir wissen, daß es irgendwo eine Singularität geben muß, doch um ein Schwarzes Loch zu erhalten, müssen wir zeigen, daß sie von einem Ereignishorizont umgeben ist. Das ist genau das, was die Hypothese von der kosmischen Zensur annimmt, die im wesentlichen besagt, daß man die Singularität von außen nicht sehen kann. Insbesondere folgt aus ihr, daß es ein Gebiet gibt, aus dem keine Signale nach außen ins Unendliche abgestrahlt werden können. Der Rand dieses Gebietes ist der Ereignishorizont. Wir können auf diesen Rand auch ein Theorem aus Stephens letzter Vorlesung anwenden, da es sich beim Ereignishorizont um den Rand der Vergangenheit des lichtartig Zukunftsunendlichen handelt. Wir wissen also, daß dieser Rand

- dort, wo er glatt ist, eine Nullfläche sein muß, die von Nullgeodätischen erzeugt wird;
- Nullgeodätische ohne Ende in der Zukunft enthalten muß, die von jedem Punkt ausgehen, an dem er nicht glatt ist,

und daß

- die Oberfläche von räumlichen Querschnitten nie mit der Zeit abnehmen kann.

Tatsächlich gelang auch der Nachweis (Israel 1967, Carter 1971, Robinson 1975, Hawking 1972), daß sich eine solche Raumzeit in der Zukunft der Kerr-Raumzeit asymptotisch annähert. Das ist ein bemerkenswertes Ergebnis, da es sich bei der Kerr-Metrik um eine sehr schöne exakte Lösung der Vakuum-Einstein-Gleichungen handelt. Dieser Punkt spielt auch eine wichtige Rolle für die Entropie Schwarzer Löcher, und ich werde in meiner nächsten Vorlesung (Kapitel 4) darauf zurückkommen.

Wir haben also in der Tat etwas, das der Oppenheimer-Snyder-Lösung qualitativ ähnelt. Es gibt jedoch einen vergleichsweise unbedeutenden Unterschied – statt mit der Schwarzschild-Lösung enden wir mit der Kerr-Lösung. Die wesentlichen Züge bleiben erhalten.

Die genaue Diskussion basiert jedoch auf der Hypothese von der kosmischen Zensur. Diese ist in der Tat von großer

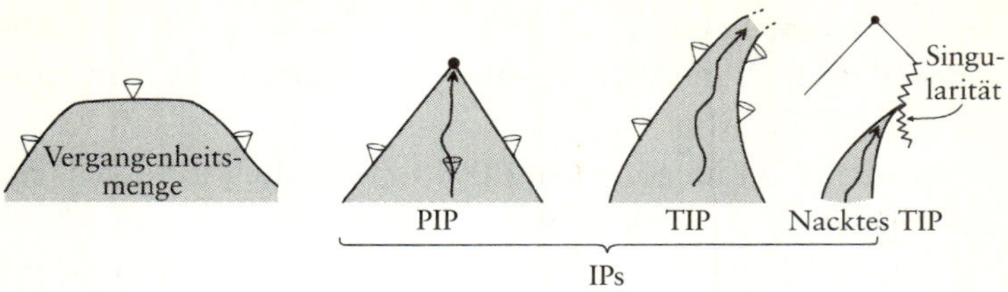

Abb. 2.2: Vergangenheitsmengen, PIPs und TIPs.

Wichtigkeit, da die gesamte Theorie auf ihr beruht; ohne sie sähen wir womöglich statt eines Schwarzen Loches schreckliche Dinge. Wir müssen uns also tatsächlich fragen, ob diese Hypothese wahr ist. Vor langer Zeit dachte ich, daß sie falsch sein könnte, und stellte verschiedene Versuche an, um Gegenbeispiele zu finden. (Stephen Hawking behauptete einmal, der überzeugendste Hinweis auf die Gültigkeit der Hypothese von der kosmischen Zensur sei die Tatsache, daß ich bei dem Versuch, sie zu widerlegen, gescheitert bin – was meiner Meinung nach aber ein sehr schwaches Argument ist!)

Ich möchte die kosmische Zensur im Zusammenhang mit bestimmten Ideen diskutieren, die *ideale* Punkte für Raumzeiten betreffen. (Diese Begriffe gehen auf Seifert 1971 sowie Geroch, Kronheimer und Penrose 1972 zurück.) Die grundlegende Idee dabei ist, daß man vorhandene «singuläre Punkte» und «Punkte im Unendlichen» als sogenannte *ideale Punkte* zur Raumzeit hinzufügt. Ich will zunächst den Begriff des IP (vom englischen «indecomposable past-set») einführen, das ist eine *unzerlegbare Vergangenheitsmenge.* Eine «Vergangenheitsmenge» ist eine Menge, die ihre eigene Vergangenheit enthält, und «unzerlegbar» bedeutet, daß sie nicht in zwei Vergangenheitsmengen zerlegt werden kann, die beide die andere jeweils nicht enthalten. Es gibt ein Theorem, wonach sich jedes IP auch als die Vergangenheit einer zeitartigen Kurve beschreiben läßt (Abb. 2.2).

Es gibt zwei Kategorien von IPs, sogenannte PIPs und TIPs. Bei einem PIP handelt es sich um ein *eigentliches* (englisch «proper») IP, welches die Vergangenheit eines Raumzeitpunktes ist. Ein TIP ist ein *terminales* IP, das nicht die Vergangenheit eines tatsächlichen Punktes in der Raumzeit ist. TIPs definieren die idealen Punkte der Zukunft. Man kann darüber hinaus TIPs danach unterscheiden, ob dieser ideale Punkt «im Unendlichen« liegt (dann gibt es eine zeitartige Kurve mit unendlicher Eigenlänge, die das IP erzeugt, und es handelt sich um ein sogenanntes ∞-TIP) oder eine *Singularität* darstellt (dann ist jede es erzeugende zeitartige Kurve von endlicher Eigenlänge, und man spricht von einem singulären TIP). Offenbar können all diese Begriffe analog auf Zukunftsmengen anstatt Vergangenheitsmengen angewandt werden. In diesem Fall haben wir IFs (unzerlegbare Zukunftsmengen, «indecomposable futures»), unterteilt in PIFs und TIFs, wobei die TIFs wiederum in ∞-TIFs und singuläre TIFs zerfallen. Ich will auch noch anmerken, daß dies alles nur funktioniert, wenn man annimmt, daß es keine geschlossenen zeitartigen Kurven gibt – wobei tatsächlich eine unwesentlich schwächere Bedingung genügt: Keine zwei Punkte besitzen die gleiche Zukunft oder die gleiche Vergangenheit.

Wie können wir in diesem Rahmen nackte Singularitäten und die Hypothese von der kosmischen Zensur beschreiben? Zunächst einmal sollte die kosmische Zensur den Urknall nicht ausschließen, da die Kosmologen sonst in große Schwierigkeiten kämen. Nun verhält es sich so, daß Dinge aus dem Urknall herauskommen, aber nicht in ihn hineinfallen können. Wir können deshalb versuchsweise eine nackte Singularität so definieren, daß eine zeitartige Kurve sie sowohl verlassen als auch auf sie stoßen kann. Es gibt dann mit dem Urknall kein Problem mehr, da er nicht als nackte Singularität gilt. In diesem Rahmen können wir ein *nacktes* TIP als ein TIP definieren, das in einem PIP enthalten ist. Dabei handelt es sich im wesentlichen um eine lokale Definition, da wir keinen Beobachter im Unendlichen brauchen. Es stellt sich heraus (Penrose 1979), daß der Ausschluß von nackten TIPs in einer Raumzeit die gleiche Bedingung liefert, wenn wir bei dieser Definition «Vergangenheit» durch «Zukunft» ersetzen (Ausschluß nackter TIFs). Man nennt die Hypothese, welche die Existenz solcher nackten TIPs (oder äquivalent dazu TIFs) in einer generischen Raumzeit ausschließt, die Hypothese von der *starken kosmischen Zensur*. Anschaulich beschreibt sie, daß ein singulärer (oder ein unendlicher) Punkt – und mit ihm das entsprechende TIP – nicht einfach inmitten einer Raumzeit so «erscheinen» kann, daß er von einem endlichen Punkt aus, dem Vertex des entsprechenden PIP, «sichtbar» wird. Es ist vernünftig, daß der Beobachter nicht im Unendlichen zu sitzen braucht, da wir in einer gegebenen Raumzeit nicht unbedingt wissen können, ob es wirklich einen unendlichen Bereich gibt. Wenn zudem die Hypothese von der starken kosmischen Zensur verletzt wäre, könnten wir zu einer endlichen Zeit tatsächlich ein Teilchen beobachten, das in eine Singularität fällt, bei der die physikalischen Gesetze nicht mehr gälten (oder, was genauso schlimm wäre, zu unendlichen Größen führten). Auf diese Art können wir auch die Hypothese von der *schwachen kosmischen Zensur* ausdrücken – wir müssen nur PIP durch ∞-TIP ersetzen.

Aus der Hypothese von der starken kosmischen Zensur folgt, daß eine generische Raumzeit mit Materie, für die vernünftige Zustandsgleichungen gelten (zum Beispiel die des

Vakuums), zu einer Raumzeit erweitert werden kann, die frei von nackten Singularitäten (nackten singulären TIPs) ist. Es stellt sich heraus (Penrose 1979), daß der Ausschluß von nackten TIPs zur globalen Hyperbolizität äquivalent ist, die Raumzeit also das gesamte Abhängigkeitsgebiet einer Cauchy-Fläche ist (Geroch 1970). Es sei bemerkt, daß diese Formulierung der starken kosmischen Zensur manifest zeitumkehrsymmetrisch ist – wir können Vergangenheit durch Zukunft, also IPs durch IFs ersetzen.

Im allgemeinen benötigen wir zusätzliche Bedingungen, um *Blitze* auszuschließen. Unter einem Blitz verstehen wir hier eine Singularität, welche das lichtartig Unendliche erreichen kann und dabei die Raumzeit zerstört (vgl. Penrose 1978, Abb. 7). Dies muß die kosmische Zensur, wie sie oben formuliert wurde, nicht verletzen. Es gibt stärkere Fassungen der kosmischen Zensur, die solche Blitze ausschließen (Penrose 1978, Bedingung CC4).

Kehren wir also zu der Frage zurück, ob die kosmische Zensur wahr ist. Zunächst müssen wir festhalten, daß sie im Rahmen der Quantengravitation vermutlich nicht zutrifft. Insbesondere führen explodierende Schwarze Löcher (über die Stephen Hawking später mehr berichten wird) zu Situationen, in denen diese verletzt zu sein scheint.

In der klassischen Allgemeinen Relativitätstheorie gibt es unterschiedliche Ergebnisse in bezug auf die Gültigkeit dieser Hypothese. Bei einem Versuch, die kosmische Zensur zu widerlegen, leitete ich einige Ungleichungen ab, die gelten würden, falls die kosmische Zensur wahr wäre (Penrose 1973). Deren Gültigkeit stellte sich in der Tat heraus (Gibbons 1972) – was der Vorstellung Gewicht zu verleihen scheint, daß es so etwas wie die kosmische Zensur gibt. Auf der anderen Seite gibt es einige spezielle Beispiele (die jedoch die generische Energiebedingung verletzen) sowie einen vagen numerischen Hinweis, gegen den aber verschiedene Einwände vorgebracht werden. Darüber hinaus ist man, wie ich erst kürzlich erfahren habe, auf Anzeichen gestoßen, die darauf hindeuten, daß einige der eben erwähnten Ungleichungen nicht gelten, wenn die kosmologische Konstante positiv ist – tatsächlich hat mich Gary Horowitz erst gestern darüber in Kenntnis gesetzt. Persönlich habe ich immer angenommen, daß die kosmologische Konstante verschwinden sollte, doch wäre es interessant, wenn die kosmische Zensur beispielsweise davon abhinge, daß sie nicht positiv wäre. Insbesondere mag es einen faszinierenden Zusammenhang zwischen der Natur der Singularitäten und der Natur des Unendlichen geben. Das Unendliche ist raumartig, wenn die kosmologische Konstante positiv ist, doch lichtartig, wenn sie verschwindet. Entsprechend könnten Singularitäten manchmal zeitartig sein (also nackt, das heißt, die kosmische Zensur verletzend), falls die kosmologische Konstante positiv ist, doch vielleicht könnten Singularitäten nicht zeitartig sein (das heißt, die kosmische Zensur erfüllend), falls sie verschwindet.

Um die zeitartige oder raumartige Natur von Singularitäten zu diskutieren, will ich die kausalen Beziehungen zwischen IPs erklären. Die Kausalität zwischen Punkten verallgemeinernd, können wir sagen, daß ein IP A einem IP B kausal vorangeht, falls $A \subset B$. A geht B chronologisch voran, falls es ein PIP P gibt, so daß $A \subset P \subset B$. Wir bezeichnen A und B als raumartig voneinander getrennt, wenn keines dem anderen kausal vorangeht (Abb. 2.3).

Die starke kosmische Zensur besagt dann, daß generische Singularitäten niemals zeitartig sein können. Raumartige (oder lichtartige) Singularitäten können entweder vergangenheits- oder zukunftsartig sein.

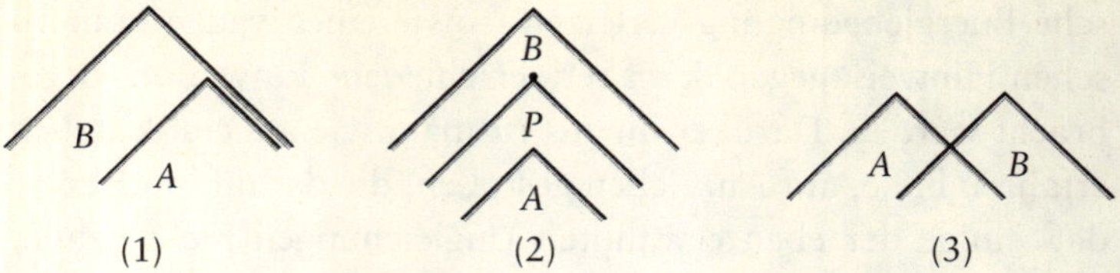

Abb. 2.3: Kausale Relationen zwischen IPs: (1) *A* geht *B* kausal voran; (2) *A* geht *B* chronologisch voran; (3) *A* und *B* sind raumartig voneinander getrennt.

Falls also die starke kosmische Zensur gilt, teilen sich die Singularitäten in zwei Klassen auf:

(**P**) vergangenheitsartige, durch TIFs definiert;
(**F**) zukunftsartige, durch TIPs definiert.

Nackte Singularitäten würden die beiden Möglichkeiten in sich vereinen, da eine nackte Singularität gleichzeitig ein TIP und ein TIF wäre. Es ist deshalb in der Tat eine Folge der kosmischen Zensur, daß diese beiden Klassen von Singularitäten verschieden sind. Typische Beispiele der Klasse (F) sind Singularitäten in Schwarzen Löchern und beim Endknall (sofern es ihn gibt), typische Beispiele der Klasse (P) der Urknall und Weiße Löcher (sofern diese existieren). Ich glaube nicht, daß der Endknall sehr wahrscheinlich ist, und zwar aus ideologischen Gründen, auf die ich in der letzten Vorlesung zurückkommen werde. Weiße Löcher sind noch sehr viel unwahrscheinlicher, da sie den Zweiten Hauptsatz der Thermodynamik verletzen.

Möglicherweise genügen die beiden Klassen von Singularitäten völlig unterschiedlichen Gesetzen. Vielleicht sollten die

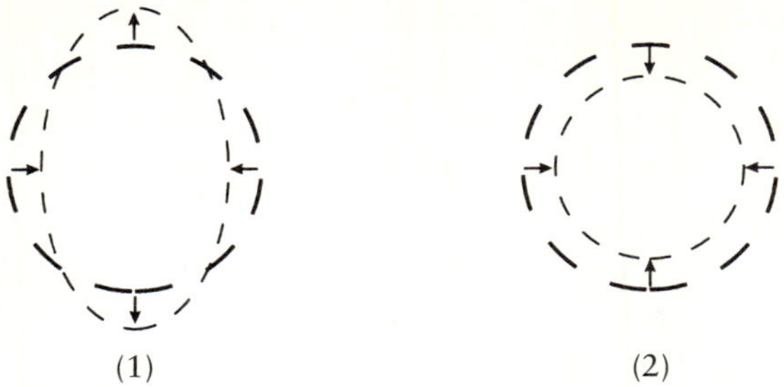

Abb. 2.4: Die Beschleunigungswirkungen der Raumzeitkrümmung: (1) die gezeitenartige Verzerrung durch die Weyl-Krümmung; (2) die volumenverringernde Wirkung der Ricci-Krümmung.

Gesetze der Quantengravitation für sie verschieden sein. Meiner Meinung nach stimmt Stephen Hawking hierin nicht mit mir überein [Hawking: «Ja!»], doch meine ich, daß die folgenden Punkte meinen Vorschlag belegen:

(1) Der Zweite Hauptsatz der Thermodynamik.
(2) Die Beobachtungen des frühen Universums (etwa durch COBE), die auf seine extreme Homogenität hindeuten.
(3) Die Existenz Schwarzer Löcher (so gut wie beobachtet).

Aus (1) und (2) kann man schließen, daß die Urknallsingularität extrem gleichförmig war, und aus (1), daß sie keine Weißen Löcher enthielt, da diese den Zweiten Hauptsatz der Thermodynamik stark verletzen. Es müssen also sehr unterschiedliche Gesetze für die Singularitäten von Schwarzen Löchern (3) gelten. Um diesen Unterschied zu präzisieren, sei daran erinnert, daß die Krümmung der Raumzeit durch den Riemann-Tensor R_{abcd} beschrieben wird, der die Summe des Weyl-Tensors C_{abcd} und eines dem Ricci-Tensor R_{ab} äquivalenten Anteils (mal der Metrik g_{ab} mit geeignet verarbeiteten Indizes) ist. Während C_{abcd} gezeitenartige Verzerrungen beschreibt, die in erster Ordnung volumenerhaltend sind, beschreibt der zweite Anteil volumenverringernde Verzerrungen (Abb. 2.4).

In den Standardmodellen der Kosmologie, die auf Friedmann, Lemaître, Robertson und Walker zurückgehen (siehe zum Beispiel Rindler 1977), besitzt der Urknall einen verschwindenden Weyl-Tensor. (Hierzu gibt es auch eine umgekehrte Version, die von R. P. A. C. Newman bewiesen wurde. Dort muß ein Universum mit einer Anfangssingularität, die von konform regulärer Art mit verschwindendem Weyl-Tensor ist, ein FLRW-Universum sein, sofern geeignete Zustandsgleichungen gelten; siehe Newman 1993.) Andererseits besitzen Singularitäten Schwarzer/Weißer Löcher im generischen Fall einen verschwindenden Weyl-Tensor. Das legt die folgende Hypothese nahe:

Weyl-Tensor-Hypothese

- Vergangenheitsartige (P) Singularitäten müssen einen verschwindenden Weyl-Tensor aufweisen.
- Zukunftsartige (F) Singularitäten unterliegen keiner Einschränkung.

Das stimmt ziemlich gut mit den Beobachtungen überein. Falls das Universum geschlossen ist, besitzt die Endsingularität (der Endknall) einen divergierenden Weyl-Tensor. Ebenso haben in einem offenen Universum die erzeugten Schwarzen Löcher einen divergierenden Weyl-Tensor (Abb. 2.5).

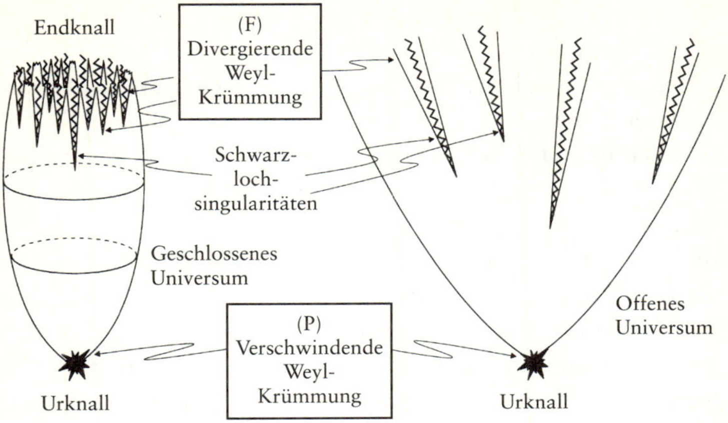

Abb. 2.5: Die Weyl-Tensor-Hypothese: Anfangssingularitäten (Urknall) müssen verschwindende Weyl-Krümmungen besitzen, wohingegen bei Endsingularitäten die Weyl-Krümmung voraussichtlich divergiert.

Diese Hypothese stützt sich zudem auf die Tatsache, daß die Einschränkung des frühen Universums, ziemlich gleichförmig und frei von Weißen Löchern zu sein, den Phasenraum des frühen Universums um mindestens den Faktor

$$10^{10^{123}}$$

reduziert. (Bei dieser Zahl handelt es sich um das erlaubte Phasenraumvolumen für ein Schwarzes Loch aus 10^{80} Baryonen – das Universum besitzt mindestens soviel Materie –; die Zahl folgt aus der Bekenstein-Hawking-Formel für die Entropie Schwarzer Löcher – Bekenstein 1972, Hawking 1975.)

Es sollte also ein Gesetz geben, das dieses ziemlich unwahrscheinliche Ergebnis zwingend macht! Die Weyl-Tensor-Hypothese würde ein derartiges Gesetz liefern.

Fragen und Antworten

Frage: Glauben Sie, daß die Quantengravitation die Singularitäten beseitigt?

Antwort: Ich glaube nicht, daß dies so ohne weiteres passiert. Wenn dem so wäre, würde der Urknall aus einer vorangegangenen Kollapsphase entstanden sein. Wir müßten uns dann fragen, wie diese vorangegangene Phase eine derart kleine Entropie hätte besitzen können. Diese Vorstellung würde uns der aussichtsreichsten Möglichkeit berauben, den Zweiten Hauptsatz zu erklären. Darüber hinaus müßten die Singularitäten von kollabierendem und expandierendem Universum irgendwie zusammengefügt werden, doch haben diese, so scheint es, sehr unterschiedliche Geometrien. Eine wirkliche Quantentheorie der Gravitation sollte unsere gegenwärtige Vorstellung der Raumzeit bei einer Singularität revidieren. Sie sollte genau benennen können, was wir in der klassischen Theorie als Singularität bezeichnen. Es sollte nicht einfach eine nichtsinguläre Raumzeit sein, sondern etwas radikal anderes.

KAPITEL DREI

ZUR QUANTENTHEORIE SCHWARZER LÖCHER

Stephen Hawking

In meiner zweiten Vorlesung möchte ich über die Quantentheorie Schwarzer Löcher sprechen. Durch diese scheint eine neue Ebene der Unvorhersagbarkeit in die Physik einzuziehen, die weit über die üblicherweise mit der Quantentheorie verknüpfte Unsicherheit hinausgeht. Dies liegt daran, daß Schwarze Löcher allem Anschein nach eine intrinsische Entropie besitzen und Information aus unserem Teil des Universums schlucken. Ich muß hinzufügen, daß es sich hierbei um kontroverse Aussagen handelt: Viele, die auf dem Gebiet der Quantengravitation arbeiten, einschließlich fast all derer, die aus der Teilchenphysik kommen, lehnen instinktiv die Vorstellung ab, daß Information über den Quantenzustand eines Systems verlorengehen könnte. Bisher ist es ihnen jedoch nicht gelungen zu zeigen, wie Information aus einem Schwarzen Loch herauskommen kann, und ich glaube, sie werden letztlich gezwungen sein, meinen Vorschlag des Informationsverlustes zu akzeptieren, so wie sie auch gezwungen waren einzusehen, daß Schwarze Löcher strahlen, obwohl dies all ihren Vorstellungen zuwiderlief.

Ich möchte Ihnen zunächst die klassische Theorie Schwarzer Löcher ins Gedächtnis zurückrufen. Wir sahen in meiner letzten Vorlesung, daß die Gravitation, zumindest in norma-

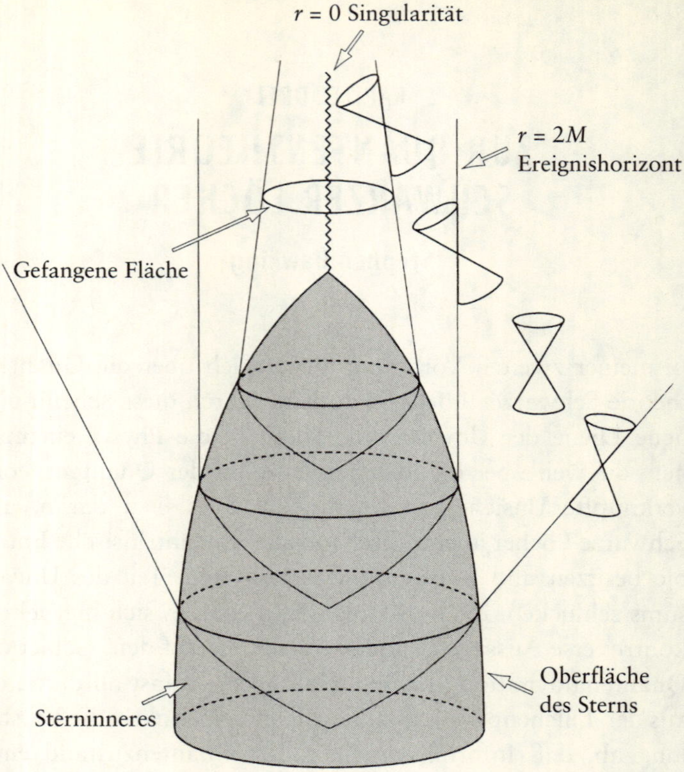

Abb. 3.1: Raumzeitdiagramm eines zu einem Schwarzen Loch kollabierenden Sterns, das den Ereignishorizont und eine geschlossene gefangene Fläche zeigt.

len Situationen, immer anziehend wirkt. Wenn sie wie die Elektrodynamik manchmal anziehend und manchmal abstoßend wäre, würden wir sie nie bemerken, da sie etwa 10^{40}mal schwächer ist als diese. Nur weil die Gravitation immer das gleiche Vorzeichen besitzt, summieren sich die Gravitationskräfte zwischen den Teilchen zweier makroskopischer Objekte wie etwa der Erde und uns selbst zu der Kraft auf, die wir dann spüren.

Da die Gravitation anziehend wirkt, bringt sie die Materie im Universum zusammen und bildet so Objekte wie Sterne und Galaxien. Diese können eine Zeitlang gegen weitere Kontraktion Widerstand leisten, was im Falle der Sterne durch thermischen Druck und im Falle der Galaxien durch Rotation oder innere Bewegung geschieht. Schließlich aber wird die Wärme oder der Drehimpuls vollständig abgeführt sein und das Objekt anfangen zu schrumpfen. Falls die Masse weniger als etwa anderthalb Sonnenmassen beträgt, kann die Kontraktion durch den Entartungsdruck von Elektronen oder Neutronen aufgehalten werden. Das Objekt wird dann zu einem Weißen Zwerg oder einem Neutronenstern. Überschreitet die Masse jedoch diesen Grenzwert, so gibt es nichts, was den weiteren Kollaps aufhalten könnte. Wenn beim Schrumpfprozeß eine gewisse kritische Größe erreicht wird, ist das Gravitationsfeld auf seiner Oberfläche so stark, daß die Lichtkegel wie in Abbildung 3.1 nach innen gebogen werden. Ich hätte Ihnen gern ein vierdimensionales Bild gezeichnet, doch hat die Regierung die Mittel so drastisch gekürzt, daß sich die Universität Cambridge nur zweidimensionale Bildschirme leisten kann. Deshalb ist nach oben die Zeitachse aufgetragen, und zwei der drei Raumdimensionen werden mittels der Perspektive gezeigt. Sie sehen, daß sich sogar die nach außen laufenden Lichtstrahlen zueinander hinbiegen und so konvergieren statt zu divergieren. Dies bedeutet, daß es eine gefangene Fläche gibt, deren Existenz eine der drei möglichen Bedingungen für die Gültigkeit des Hawking-Penrose-Theorems ist.

Stimmt die Hypothese von der kosmischen Zensur, so sind

die gefangene Fläche und die von ihr erzwungene Singularität aus großen Entfernungen nicht sichtbar. Es muß also einen Bereich der Raumzeit geben, aus dem man nicht ins Unendliche entkommen kann. Diesen Bereich bezeichnet man als Schwarzes Loch. Sein Rand, Ereignishorizont genannt, ist eine Nullfläche; sie setzt sich aus den Lichtstrahlen zusammen, die es gerade nicht mehr schaffen, ins Unendliche zu entkommen. Wie wir in der letzten Vorlesung sahen, kann zumindest in der klassischen Theorie die Oberfläche eines Querschnitts durch den Ereignishorizont niemals abnehmen. Diese Tatsache sowie Störungsrechnungen beim sphärisch-symmetrischen Kollaps deuten darauf hin, daß Schwarze Löcher auf einen stationären Endzustand zustreben. Wie das Keine-Haare-Theorem, welches durch die gemeinsame Arbeit von Israel, Carter, Robinson und mir bewiesen wurde, zeigt, sind die einzigen stationären Schwarzen Löcher bei Abwesenheit von Materiefeldern die Kerr-Lösungen. Diese werden durch zwei Parameter gekennzeichnet, die Masse M und den Drehimpuls J. Das Keine-Haare-Theorem wurde von Robinson um den Fall der Existenz eines elektromagnetischen Feldes erweitert. Dies brachte einen dritten Parameter ins Spiel, die elektrische Ladung Q (siehe Kasten). Das Keine-Haare-Theorem wurde nicht für Yang-Mills-Felder bewiesen, doch scheint der einzige Unterschied darin zu bestehen, daß eine oder mehrere ganze Zahlen hinzugefügt werden, die eine diskrete Familie von instabilen Lösungen kennzeichnen. Für zeitunabhängige Schwarze Löcher vom Einstein-Yang-Mills-Typ gibt es, wie sich zeigen läßt, keine weiteren kontinuierlichen Freiheitsgrade.

Die Keine-Haare-Theoreme verweisen auf die Tatsache, daß sehr viel Information verlorengeht, wenn ein Körper zu einem Schwarzen Loch kollabiert. Der kollabierende Körper

Keine-Haare-Theorem. Stationäre Schwarze Löcher werden durch die Masse M, den Drehimpuls J und die elektrische Ladung Q charakterisiert.

wird durch eine große Anzahl von Parametern beschrieben – die verschiedenen Materiearten und die Multipolmomente der Massenverteilung. Dennoch ist das entstehende Schwarze Loch völlig unabhängig von den Materiearten und verliert schnell alle Multipolmomente mit Ausnahme der beiden ersten: dem Monopolmoment, identisch mit der Masse, und dem Dipolmoment, identisch mit dem Drehimpuls.

Dieser Informationsverlust war in der klassischen Theorie bedeutungslos. Man konnte sich vorstellen, daß sich die gesamte Information über den kollabierenden Körper noch im Innern des Schwarzen Loches befindet. Für einen Beobachter außerhalb des Schwarzen Loches wäre es sehr schwierig, genaue Informationen über den kollabierenden Körper einzuholen, doch im Rahmen der klassischen Theorie war dies zumindest im Prinzip noch möglich. Der Beobachter würde den kollabierenden Körper nie aus den Augen verlieren. Bei der Annäherung an den Ereignishorizont würde sich der Körper scheinbar verlangsamen und sich seine Helligkeit abschwächen, doch könnte der Beobachter noch immer feststellen, woraus er besteht und wie die Masse verteilt ist. Aufgrund der Quantentheorie ändert sich aber alles. Zunächst einmal könnte der kollabierende Körper nur eine begrenzte Anzahl von Photonen aussenden, bevor er den Ereignishorizont überquert. Sie würden wohl kaum ausreichen, um die gesamte Information über den kollabierenden Körper zu übermitteln, was bedeutet, daß es in der Quantentheorie für einen äußeren Beobachter keine Möglichkeit gibt, den Zustand des kollabierten Körpers zu bestimmen. Man könnte dies als unwesentlich einstufen, da die Information ja noch immer im Inneren des Schwarzen Loches wäre, auch wenn man sie von außen nicht sehen könnte. Jedoch kommt hier der zweite Effekt der Quantentheorie Schwarzer Löcher ins Spiel. Wie ich noch ausführen werde, strahlen Schwarze Löcher aufgrund der Quantentheorie und verlieren an Masse. Es sieht so aus, als verschwänden sie schließlich vollständig und nähmen dabei alle Information im Innern mit sich. Ich werde darlegen, warum die Information tatsächlich verlorengeht und nicht in irgendeiner Form zurückkommt. Wie ich zeigen werde, würde dieser Informationsverlust eine neue Ebene der Unsicherheit in die Physik einführen, welche über die übliche mit der Quantentheorie verknüpfte Unsicherheit hinausginge. Leider wird, anders als die Heisenbergsche Unschärferelation, diese neue Ebene im Falle Schwarzer Löcher nur sehr schwer experimentell überprüfbar sein. In meiner dritten Vorlesung (Kapitel 5) werde ich aber Gründe für die Möglichkeit anführen, daß sie bei Messungen der Fluktuationen im Mikrowellenhintergrund bereits beobachtet worden ist.

Daß Schwarze Löcher aufgrund von Vorgängen strahlen, welche die Quantentheorie beschreibt, wurde zuerst entdeckt, als man die Quantenfeldtheorie auf dem Hintergrund eines durch Kollaps entstandenen Schwarzen Loches diskutierte. Um dies zu verstehen, ist es hilfreich, auf die sogenannten Penrose-Diagramme zurückzugreifen, die wir allerdings besser – und ich glaube, Penrose wäre damit einverstanden – als Carter-Diagramme bezeichnen sollten, da sie zuerst von Carter systematisch benutzt worden sind. Bei einem sphärischen Kollaps hängt die Raumzeit nicht von den Winkeln θ und ϕ ab. Die gesamte Geometrie ereignet sich im r-t-Raum. Da jeder zweidimensionale Raum zu einem flachen Raum konform äquivalent ist, kann man die kausale Struktur durch ein Diagramm darstellen, in welchem lichtartige Kurven im r-t-Raum mit ±45 Grad zur Vertikalen verlaufen.

Beginnen wir mit dem flachen Minkowski-Raum; ihm entspricht ein Carter-Penrose-Diagramm, das ein auf einer Ecke stehendes Dreieck darstellt (Abb. 3.2). Die beiden Diagonalen rechts entsprechen dem lichtartig Vergangenheits- beziehungsweise Zukunftsunendlichen, das ich in meiner ersten Vorlesung erwähnt habe. Diese Bereiche befinden sich tatsächlich im Unendlichen, die Distanzen werden aber auf dem Weg dahin durch einen konformen Faktor verkürzt. Jeder Punkt dieses Dreiecks entspricht einer Zweisphäre mit Radius r. Auf der das Symmetriezentrum darstellenden Vertikalen links ist $r = 0$, und der rechte Teil des Diagramms entspricht $r \to \infty$.

Man kann aus dem Diagramm leicht ersehen, daß jeder Punkt im Minkowski-Raum in der Vergangenheit des licht-

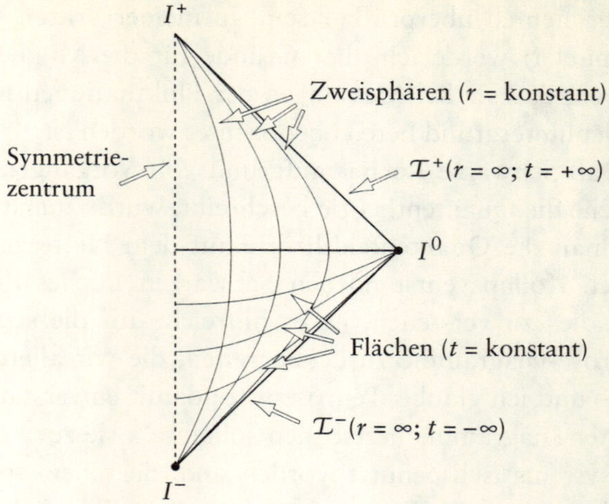

Abb. 3.2: Carter-Penrose-Diagramm für den Minkowski-Raum.

artig Zukunftsunendlichen $\mathcal{I}^+$ liegt. Also gibt es kein Schwarzes Loch und keinen Ereignishorizont. Das Diagramm eines sphärisch kollabierenden Körpers sieht aber ganz anders aus (Abb. 3.3). Bezüglich der Vergangenheit ist es unverändert, doch wurde hier die Spitze des Dreiecks abgeschnitten und durch einen horizontalen Rand ersetzt. Das ist genau die Singularität, welche das Hawking-Penrose-Theorem vorhersagt. Man erkennt nun, daß es unterhalb dieser horizontalen Linie Punkte gibt, die nicht in der Vergangenheit des lichtartig Zukunftsunendlichen $\mathcal{I}^+$ liegen. Anders ausgedrückt, es gibt ein Schwarzes Loch. Der Ereignishorizont, der Rand des Schwarzen Loches, ist eine diagonale Linie, die von der rechten oberen Ecke nach unten läuft und auf die das Symmetriezentrum darstellende vertikale Linie trifft.

Auf diesem Hintergrund kann man ein Skalarfeld ϕ be-

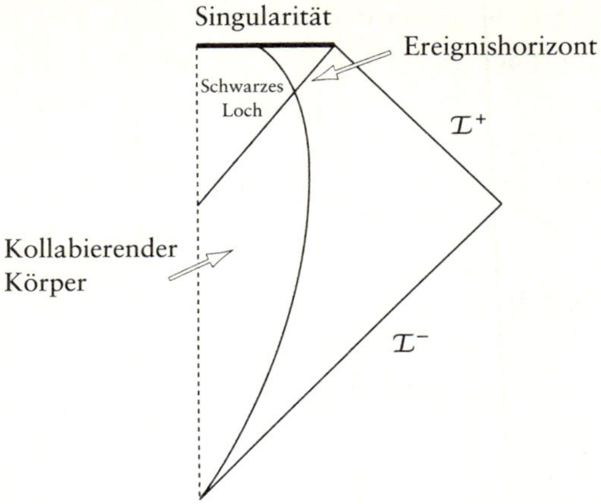

Abb. 3.3: Carter-Penrose-Diagramm für einen Stern, der zu einem Schwarzen Loch kollabiert.

trachten. Wenn die Raumzeit sich nicht änderte, würde eine Lösung der Wellengleichung mit nur positiven Frequenzen auf $\mathcal{I}^-$ auch auf $\mathcal{I}^+$ nur positive Frequenzen enthalten. Dies würde bedeuten, daß es keine Teilchenerzeugung gäbe und daß auf $\mathcal{I}^+$ keine auslaufenden Teilchen vorhanden wären, wenn es am Anfang keine skalaren Teilchen gegeben hätte.

Die Metrik ist jedoch während des Kollapses zeitabhängig. Deswegen wird eine Lösung mit nur positiven Frequenzen auf $\mathcal{I}^-$ bei Annäherung an $\mathcal{I}^+$ teilweise negative Frequenzen entwickeln. Diese Vermischung läßt sich berechnen, indem man eine Welle mit Zeitabhängigkeit e^{-iwu} auf $\mathcal{I}^+$ betrachtet und diese zurück nach $\mathcal{I}^-$ entwickelt. Dabei stellt man fest, daß der Teil der Welle, der sehr nahe am Horizont vorbeiläuft, einer starken Blauverschiebung unterliegt. Erstaunlicherweise ergibt sich, daß die Vermischung im Grenzfall großer Zeiten von den Details des Kollapses unabhängig wird. Sie hängt nur von der Oberflächengravitation κ ab, welche die Stärke des Gravitationsfeldes auf dem Horizont des Schwarzen Loches beschreibt. Die Vermischung von positiven und negativen Frequenzen führt zu Teilchenerzeugung.

Als ich mich diesem Effekt 1973 zum erstenmal zuwandte, erwartete ich, daß es während des Kollapses zu einem Strahlungsausbruch käme, daß aber danach die Teilchenerzeugung verschwände und ein Schwarzes Loch übrigbliebe, das wirklich schwarz wäre. Zu meiner großen Überraschung fand ich aber heraus, daß nach einem Ausbruch während des Kollapses eine kontinuierliche Rate von Teilchenerzeugung und -emission vorlag. Darüber hinaus war die Emission exakt thermisch, mit einer Temperatur $\frac{\kappa}{2\pi}$. Genau das aber war erforderlich, um die Vorstellung von einer Schwarzlochentropie proportional zur Oberfläche des Ereignishorizontes konsistent halten zu können. Es wurde dadurch auch der Proportionalitätsfaktor festgelegt, der in den Planckschen Einheiten, wo $G = c = \hbar = 1$ ist, ein Viertel beträgt. Die Flächeneinheit ist dann 10^{-66} Quadratzentimeter, so daß ein Schwarzes Loch von Sonnenmasse eine Entropie von der Größenordnung 10^{78} besäße. Dies würde die riesige Anzahl von Möglichkeiten widerspiegeln, durch die das Schwarze Loch entstanden sein könnte.

Thermische Strahlung Schwarzer Löcher

$$\text{Temperatur } T = \frac{\kappa}{2\pi}$$

$$\text{Entropie } S = \frac{1}{4} A$$

Als ich die Strahlung Schwarzer Löcher entdeckte, schien es wie ein Wunder, daß eine ziemlich umständliche Rechnung eine Emissionsrate liefern sollte, die exakt thermisch war. Gemeinsame Überlegungen mit Jim Hartle und Gary Gibbons offenbarten jedoch den tieferen Grund für dieses Ergebnis. Um ihn zu erklären, werde ich mit dem Beispiel der Schwarzschild-Metrik beginnen.

Schwarzschild-Metrik

$$ds^2 = -\left(1 - \frac{2M}{r}\right) dt^2 + \left(1 - \frac{2M}{r}\right)^{-1} dr^2$$
$$+ r^2(d\theta^2 + \sin^2\theta d\phi^2)$$

Diese stellt das Gravitationsfeld dar, das den stationären Endzustand für ein nichtrotierendes Schwarzes Loch beschreibt. In den üblichen r- und t-Koordinaten gibt es beim Schwarzschild-Radius $r = 2M$ eine scheinbare Singularität, die jedoch nur durch eine schlechte Koordinatenwahl verursacht wird. Eine andere Wahl liefert dort eine reguläre Metrik.

Das Carter-Penrose-Diagramm hat die Form eines Diamanten, dessen oberes und unteres Ende abgeflacht ist (Abb. 3.4). Es wird durch zwei Nullflächen, auf denen $r = 2M$ gilt, in vier Gebiete eingeteilt. Das im Diagramm rechts mit 1 bezeichnete Gebiet stellt den asymptotisch flachen Raum dar, in dem wir uns befinden sollen. Wie die flache Raumzeit besitzt er ein lichtartig Vergangenheits- und Zukunftsunendliches $\mathcal{I}^-$ und $\mathcal{I}^+$. Links gibt es ein weiteres asymptotisch flaches Gebiet 3, das scheinbar einem anderen Universum entspricht, welches mit dem unsrigen nur durch ein Wurmloch verbunden ist. Wie

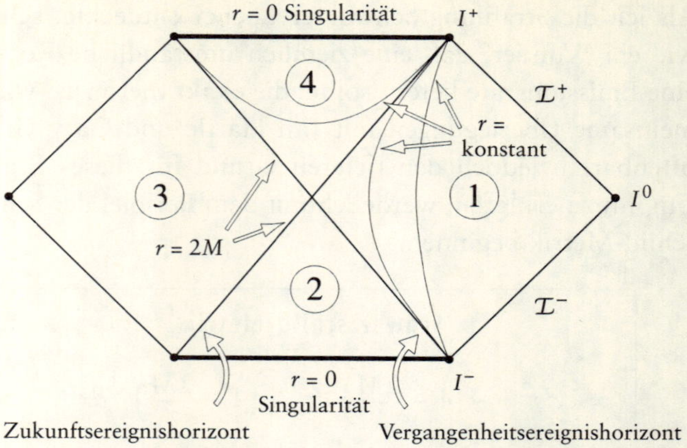

Abb. 3.4: Carter-Penrose-Diagramm für ein ewiges Schwarzschild-Schwarzes Loch.

wir aber sehen werden, ist es mit unserem Gebiet durch die imaginäre Zeit verknüpft. Die Nullfläche von links unten nach rechts oben ist der Rand des Gebietes, aus dem man ins Unendliche auf der rechten Seite entkommen kann. Sie stellt daher den Zukunftsereignishorizont dar, wobei «Zukunfts-» hinzugefügt worden ist, um diesen von dem Vergangenheitsereignishorizont zu unterscheiden, der von rechts unten nach links oben verläuft.

Kehren wir zur Schwarzschild-Metrik in den ursprünglichen Koordinaten r und t zurück. Wenn man $t = i\tau$ setzt, erhält man eine positiv definite Metrik. Ich werde solche positiv definiten Metriken als euklidisch bezeichnen, obwohl sie auch gekrümmt sein können. In der euklidischen Schwarzschild-Metrik gibt es wieder eine scheinbare Singularität bei $r = 2M$. Man kann jedoch eine neue radiale Koordinate x definieren, die gleich $4M/(1 - 2\,Mr^{-1})^{\frac{1}{2}}$ ist.

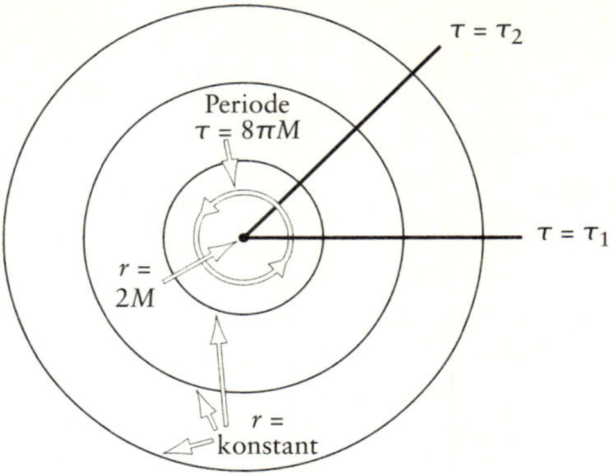

Abb. 3.5: Euklidische Schwarzschild-Lösung, in der τ periodisch identifiziert wird.

Euklidische Schwarzschild-Metrik

$$ds^2 = x^2 \left(\frac{d\tau}{4M}\right)^2 + \left(\frac{r^2}{4M^2}\right)^2 dx^2 + r^2(d\theta^2 + \sin^2\theta d\phi^2)$$

Die Metrik in der x–τ-Ebene wird dann analog zum Ursprung von Polarkoordinaten, wenn man die Koordinate τ mit der Periode $8\pi M$ identifiziert. Ebenso gibt es auf den Horizonten anderer euklidischer Schwarzlochmetriken scheinbare Singularitäten, die man beseitigen kann, indem man die imaginäre Zeitkoordinate durch die Periode $\frac{2\pi}{\kappa}$ identifiziert (Abb. 3.5).

Was bedeutet die mit einer Periode β identifizierte imaginäre Zeit? Betrachten wir dazu die Amplitude, um von einer Feldkonfiguration ϕ_1 auf der Fläche t_1 zu einer Konfiguration

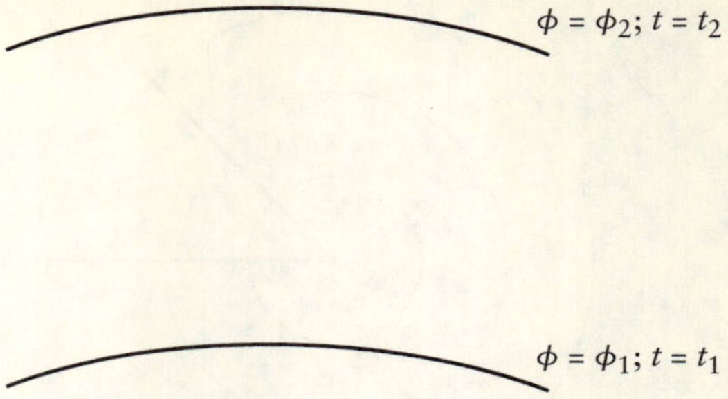

$$\langle\phi_2, t_2 \mid \phi_1, t_1\rangle = \langle\phi_2 \mid \exp(-iH(\mathrm{t}_2-\mathrm{t}_1)) \mid \phi_1\rangle$$
$$= \int D[\phi] \exp(iI[\phi])$$

Abb. 3.6: Amplitude, um von dem Zustand ϕ_1 bei t_1 zu ϕ_2 bei t_2 zu gelangen.

ϕ_2 auf der Fläche t_2 zu gelangen. Diese wird durch das Matrixelement von $e^{-iH(t_2-t_1)}$ gegeben. Man kann diese Amplitude jedoch auch als Pfadintegral über alle Felder ϕ zwischen t_1 und t_2 darstellen, die mit den gegebenen Feldern ϕ_1 und ϕ_2 auf den beiden Flächen übereinstimmen (Abb. 3.6).

Man wählt nun den zeitlichen Abstand (t_2-t_1) als rein imaginär und von der Größe β (Abb. 3.7). Außerdem setzt man das Anfangsfeld ϕ_1 gleich dem Endfeld ϕ_2 und summiert über eine vollständige Basis von Zuständen ϕ_n. Links steht der über alle Zustände summierte Erwartungswert von $e^{-\beta H}$. Das ist genau die thermodynamische Zustandsfunktion Z bei der Temperatur $T = \beta^{-1}$.

Auf der rechten Seite der Gleichung steht ein Pfadintegral. Man setzt $\phi_1 = \phi_2$ und summiert über alle Feldkonfigurationen ϕ_n. Dies bedeutet, daß man das Pfadintegral effektiv auf allen Feldern ϕ einer Raumzeit auswertet, die in der ima-

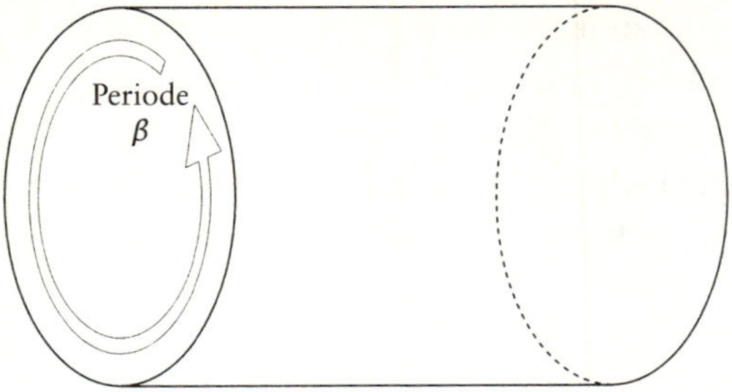

$$t_2 - t_1 = -i\beta, \qquad \phi_2 = \phi_1$$

$$Z = \sum \langle \phi_n \mid \exp(-\beta H) \mid \phi_n \rangle$$

$$= \int D[\phi] \exp(-\hat{I}[\phi])$$

Abb. 3.7: Die Zustandssumme bei der Temperatur T ist durch das Pfadintegral über alle Felder auf einer euklidischen Raumzeit mit der Periode $\beta = T^{-1}$ in der imaginären Zeitrichtung gegeben.

ginären Zeitrichtung mit der Periode β identifiziert wird. Die Zustandsfunktion für das Feld ϕ bei der Temperatur T wird also durch ein Pfadintegral über alle Felder auf einer euklidischen Raumzeit gegeben. Diese ist in der imaginären Zeitrichtung periodisch, wobei die Periode durch $\beta = T^{-1}$ gegeben ist.

Wenn man das Pfadintegral auf der flachen Raumzeit auswertet, die mit der Periode β in der imaginären Zeitrichtung identifiziert wurde, erhält man das übliche Ergebnis für die Zustandssumme der Schwarzkörperstrahlung. Wie wir aber gerade gesehen haben, besitzt die euklidische Schwarzschild-Lösung auch eine Periode in der imaginären Zeit, die gleich $\frac{2\pi}{\kappa}$ ist, was bedeutet, daß sich Felder auf dem Schwarzschild-Hintergrund so verhalten, als befänden sie sich in einem thermischen Zustand mit der Temperatur $\frac{\kappa}{2\pi}$.

Die Periodizität in der imaginären Zeit erklärt, warum die umständliche Rechnung mit der Frequenzvermischung zu einer exakt thermischen Strahlung führte. In der obigen Ableitung ist jedoch das Problem mit den sehr hohen Frequenzen vermieden, welches beim Zugang mit der Frequenzvermischung auftrat. Sie kann auch angewandt werden, wenn es zwischen den Quantenfeldern auf dem Hintergrund Wechselwirkungen gibt. Die Tatsache, daß das Pfadintegral auf einem periodischen Hintergrund ausgewertet wird, bewirkt, daß alle physikalischen Größen wie beispielsweise Erwartungswerte thermisch sind. Das wäre bei dem Zugang über die Frequenzvermischung nur sehr schwer feststellbar.

Man kann diese Wechselwirkungen noch erweitern und Wechselwirkungen mit dem Gravitationsfeld selbst einbeziehen. Dazu beginnt man mit einer Hintergrundsmetrik g_0 wie beispielsweise der euklidischen Schwarzschild-Metrik, die eine Lösung der klassischen Feldgleichungen darstellt. Dann kann man die Wirkung I in eine Potenzreihe bezüglich der Störungen δg und g_0 entwickeln:

$$I[g] = I[g_0] + I_2(\delta g)^2 + I_3(\delta g)^3 + \ldots$$

Der lineare Term verschwindet, da es sich bei dem Hintergrund um eine Lösung der Feldgleichungen handelt. Der quadratische Term entspricht der Ausbreitung von Gravitonen auf dem Hintergrund, während die kubischen und höheren Terme Wechselwirkungen zwischen den Gravitonen beschreiben. Das Pfadintegral über die quadratischen Terme ist endlich. Es gibt nichtrenormierbare Divergenzen bis zwei Schleifen in der reinen Gravitation, doch heben sich diese in Supergravitationstheorien mit denen der Fermionen weg. Es ist nicht bekannt, ob Supergravitationstheorien bei drei oder höheren Schleifen Divergenzen besitzen, da bisher niemand mutig oder verrückt genug gewesen ist, die Rechnung durchzuführen. Neuere Ergebnisse deuten an, daß sie möglicherweise in allen Ordnungen endlich sind. Selbst wenn es aber Divergenzen in höheren Schleifen geben sollte, würde das kaum einen Unterschied ausmachen, es sei denn, der Hintergrund wäre auf der Skala der Planck-Länge, 10^{-33} Zentimeter, gekrümmt.

Interessanter als die Terme höherer Ordnung ist der Term nullter Ordnung, der gleich der Wirkung mit der Hintergrundsmetrik g_0 ist:

$$I = -\frac{1}{16\pi}\int R(-g)^{\frac{1}{2}}d^4x + \frac{1}{8\pi}\int K(\pm h)^{\frac{1}{2}}d^3x.$$

Die übliche Einstein-Hilbert-Wirkung für die Allgemeine Relativitätstheorie ist das Volumenintegral der skalaren Krümmung R. Da diese für Vakuumlösungen verschwindet, mag man zu dem Schluß kommen, daß die Wirkung der euklidischen Schwarzschild-Lösung gleich null ist. Es gibt jedoch auch einen Oberflächenterm in der Wirkung, der proportional zum Integral über K, der Spur der zweiten Fundamentalform der Randfläche, ist. Wenn man diesen berücksichtigt und den entsprechenden Oberflächenterm für den flachen Raum subtrahiert, findet man, daß die Wirkung der euklidischen Schwarzschild-Metrik gleich $\frac{\beta^2}{16\pi}$ ist, wobei β die Periode in der imaginären Zeit im Unendlichen darstellt. Der dominante Beitrag zum Pfadintegral für die Zustandsfunktion Z beträgt deshalb $e^{\frac{-\beta^2}{16\pi}}$:

$$Z = \sum \exp(-\beta E_n) = \exp\left(-\frac{\beta^2}{16\pi}\right).$$

Differenziert man log Z nach der Periode β, so erhält man den

Erwartungswert der Energie oder, anders ausgedrückt, der Masse:

$$\langle E\rangle = -\frac{d}{d\beta}(\log Z) = \frac{\beta}{8\pi}.$$

Man findet also die Masse $M = \frac{\beta}{8\pi}$, was die uns bereits bekannte Beziehung zwischen der Masse und der Periode oder der inversen Temperatur bestätigt. Man kann aber auch noch weiter gehen. Nach den üblichen thermodynamischen Relationen ist der log der Zustandssumme gleich minus der freien Energie F geteilt durch die Temperatur T:

$$\log Z = -\frac{F}{T}.$$

Die freie Energie wiederum ist gleich der Masse der Energie minus der Temperatur mal der Entropie S:

$$F = \langle E\rangle - TS.$$

Faßt man all dies zusammen, erkennt man, daß die Wirkung des Schwarzen Loches die Entropie $4\pi M^2$ liefert:

$$S = \frac{\beta^2}{16\pi} = 4\pi M^2 = \frac{1}{4}A.$$

Genau dieses Ergebnis benötigt man, damit die Gesetze der Mechanik Schwarzer Löcher mit den Hauptsätzen der Thermodynamik übereinstimmen.

Woher kommt diese intrinsische gravitative Entropie, die kein Pendant in anderen Quantenfeldtheorien besitzt? Sie ist auf die Tatsache zurückzuführen, daß das Gravitationsfeld unterschiedliche Topologien für die Raumzeitmannigfaltigkeit erlaubt. In dem hier betrachteten Fall hat die euklidische Schwarzschild-Lösung im Unendlichen einen Rand mit der

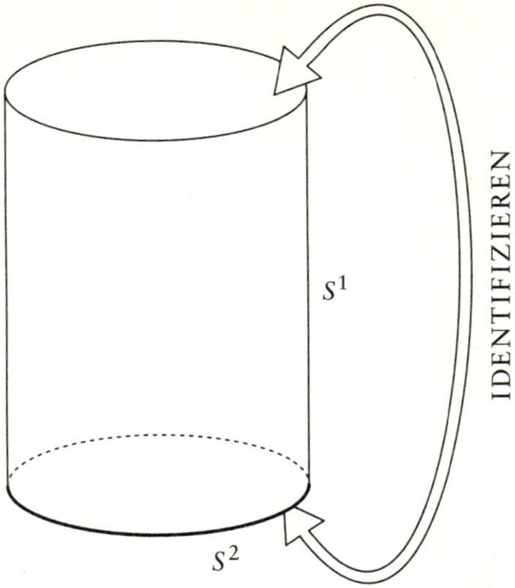

Abb. 3.8: Der Rand im Unendlichen bei der euklidischen Schwarzschild-Lösung.

Topologie $S^2 \times S^1$. Bei der S^2 handelt es sich um eine große raumartige Zweisphäre im Unendlichen, während die S^1 der imaginären Zeitrichtung entspricht, die periodisch identifiziert wird (Abb. 3.8). Es gibt mindestens zwei Metriken mit verschiedenen Topologien, die diesen Rand besitzen. Bei der einen handelt es sich natürlich um die euklidische Schwarzschild-Metrik mit der Topologie $R^2 \times S^2$, das ist die zweidimensionale euklidische Ebene mal einer Zweisphäre. Die andere Möglichkeit ist $R^3 \times S^1$, das ist die Topologie des euklidischen flachen Raums, der in der imaginären Zeitrichtung periodisch identifiziert wird. Beide Topologien besitzen unterschiedliche Euler-Zahlen. Die Euler-Zahl des periodisch identifizierten flachen Raums ist null, während die der eukli-

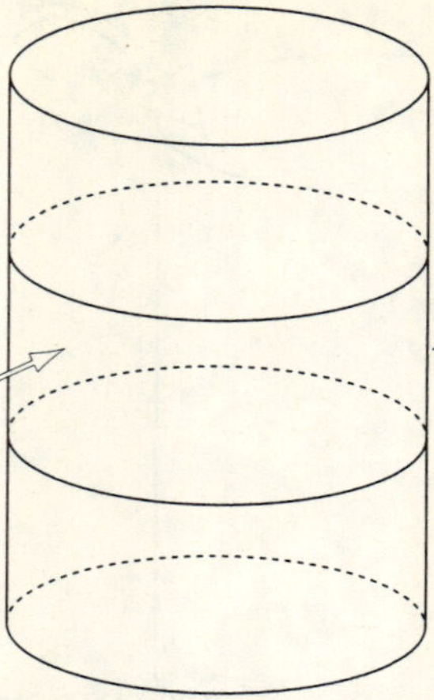

Abb. 3.9: Die Wirkung des periodisch identifizierten flachen euklidischen Raums beträgt $M(\tau_2 - \tau_1)$.

dischen Schwarzschild-Lösung zwei beträgt. Welche Bedeutung dies hat, kann folgendermaßen erläutert werden. Man kann auf der Topologie des periodisch identifizierten flachen Raums eine periodische Zeitfunktion τ finden, deren Gradient nirgends verschwindet und die mit der imaginären Zeitkoordinate auf dem Rand im Unendlichen übereinstimmt. Man kann dann die Wirkung des Gebietes zwischen zwei Oberflächen τ_1 und τ_2 berechnen. Zur Wirkung gibt es zwei Beiträge: ein Volumenintegral über die Lagrange-Dichte der Materie plus der Einstein-Hilbert-Lagrange-Dichte sowie einen Oberflächenterm. Ist die Lösung zeitunabhängig, hebt der Oberflächenterm bei $\tau = \tau_1$ gerade den Oberflächenterm bei $\tau = \tau_2$ weg. Der einzige Nettobeitrag zu dem Oberflächenterm rührt deswegen von dem Rand im Unendlichen her. Dieser liefert die halbe Masse mal dem imaginären Zeitintervall

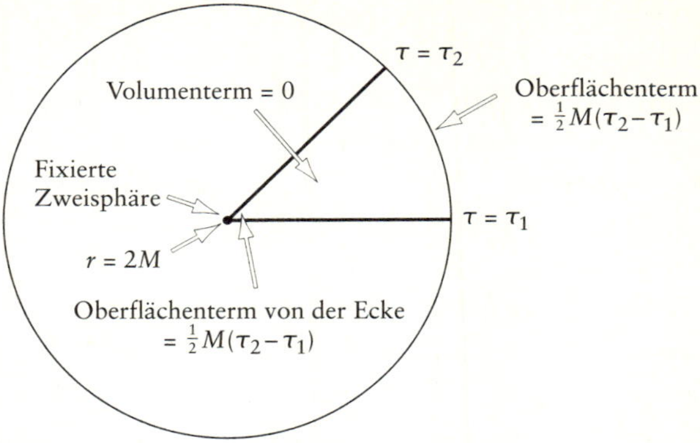

Gesamtwirkung einschließlich des Beitrags von der Ecke = $M(\tau_2 - \tau_1)$
Gesamtwirkung ohne Beitrag von der Ecke = $\frac{1}{2}M(\tau_2 - \tau_1)$

Abb. 3.10: Die gesamte Wirkung für die euklidische Schwarzschild-Lösung beträgt $\frac{1}{2}M(\tau_2 - \tau_1)$, da wir den Beitrag von der Ecke bei $r = 2M$ nicht berücksichtigen.

$(\tau_2 - \tau_1)$. Wenn die Masse nicht verschwindet, muß es nichtverschwindende Materiefelder geben, um diese Masse zu erzeugen. Man kann zeigen, daß das Volumenintegral über die Lagrange-Dichten von Materie und Einstein-Hilbert-Teil ebenfalls $\frac{1}{2}M(\tau_2 - \tau_1)$ ergibt. Die gesamte Wirkung beträgt also $M(\tau_2 - \tau_1)$ (Abb. 3.9). Wenn man diesen Beitrag zum log der Zustandssumme in die thermodynamischen Gleichungen einsetzt, findet man wie erwartet, daß der Erwartungswert der Energie gleich der Masse ist. Die Entropie, die das Hintergrundsfeld beiträgt, verschwindet jedoch.

Bei der euklidischen Schwarzschild-Lösung hingegen sieht die Lage anders aus. Da die Euler-Zahl statt null jetzt zwei beträgt, kann man keine Zeitfunktion τ finden, deren Gradient überall ungleich null ist. Das beste ist es jetzt, die imaginäre

Zeitkoordinate der Schwarzschild-Lösung zu wählen. Diese besitzt eine feste Zweisphäre am Horizont, wo sich τ wie eine Winkelkoordinate verhält. Für die zwischen zwei Oberflächen mit konstantem τ berechnete Wirkung verschwindet das Volumenintegral jetzt, da keine Materiefelder vorhanden sind und die skalare Krümmung gleich null ist. Der Oberflächenterm mit der Spur von K ergibt wieder $\frac{1}{2}M(\tau_2 - \tau_1)$. Es gibt jetzt aber einen zusätzlichen Oberflächenterm am Horizont, wo sich die τ_1- und τ_2-Oberflächen in einer Ecke treffen. Man kann diesen Oberflächenterm auswerten und findet, daß er ebenfalls gleich $\frac{1}{2}M(\tau_2 - \tau_1)$ ist (Abb. 3.10). Die gesamte Wirkung für das Gebiet zwischen τ_1 und τ_2 ist also gleich $M(\tau_2 - \tau_1)$. Würde man diese Wirkung mit $\tau_2 - \tau_1 = \beta$ benutzen, so fände man eine verschwindende Entropie. Wenn man jedoch die Wirkung dieser euklidischen Schwarzschild-Lösung vom vierdimensionalen statt vom $3+1$-dimensionalen Gesichtspunkt aus betrachtet, gibt es keinen Grund, einen Oberflächenterm am Horizont zu berücksichtigen, da die Metrik dort regulär ist. Läßt man den Oberflächenterm am Horizont weg, verringert sich die Wirkung um ein Viertel der Horizontoberfläche, was genau der intrinsischen Gravitationsentropie des Schwarzen Loches entspricht.

Die Tatsache, daß die Entropie Schwarzer Löcher mit einer topologischen Invarianten, der Euler-Zahl, zusammenhängt, ist ein starker Hinweis darauf, daß diese auch in einer fundamentaleren Theorie von Bedeutung sein wird. Diese Vorstellung ist den meisten Teilchenphysikern, die ziemlich konservativ sind, zuwider; sie wollen alles so machen, daß es wie die Yang-Mills-Theorie aussieht. Sie akzeptieren, daß die Strahlung Schwarzer Löcher thermisch erscheint und unabhängig von der Entstehungsgeschichte des Loches ist, solange die Löcher verglichen mit der Planck-Länge groß sind. Sie behaupten aber, daß die quantisierte Allgemeine Relativitätstheorie zusammenbricht, wenn das Schwarze Loch Masse verliert und sich der Planck-Größe nähert, wo dann alles offen ist. Ich werde jedoch ein Gedankenexperiment mit Schwarzen Löchern beschreiben, bei dem die Information verlorenzugehen scheint, gleichzeitig aber die Krümmung außerhalb der Horizonte immer klein bleibt.

Es ist bereits seit einiger Zeit bekannt, daß man Paare von positiv und negativ geladenen Teilchen in einem starken elektrischen Feld erzeugen kann. Eine Möglichkeit, dies zu diskutieren, ist auf die Beobachtung bezogen, daß im flachen euklidischen Raum ein Teilchen der Ladung q wie etwa das Elektron sich in einem gleichförmigen elektrischen Feld E auf einem Kreis bewegen würde. Man kann diese Bewegung von der imaginären Zeit τ in die reelle Zeit t analytisch fortsetzen. Wir erhalten ein Paar, bestehend aus einem positiv und einem negativ geladenen Teilchen, die sich aufgrund des elektrischen Feldes voneinander fort beschleunigen (Abb. 3.11).

Der Vorgang der Teilchenerzeugung wird dadurch beschrieben, daß man beide Diagramme entlang der $t = 0$- beziehungsweise $\tau = 0$-Linie auftrennt. Man fügt dann die obere Hälfte des Minkowski-Raum-Diagramms an die untere Hälfte des Diagramms vom euklidischen Raum an (Abb. 3.12) und erhält so ein Bild, in dem das positiv und das negativ geladene Teilchen in der Tat dasselbe Teilchen sind. Es tunnelt durch den euklidischen Raum, um von einer Weltlinie im Minkowski-Raum zur anderen zu gelangen. In erster Näherung beträgt die Wahrscheinlichkeit für die Teilchenerzeugung e^{-I}, wobei

$$\text{Euklidische Wirkung } I = \frac{2\pi m^2}{qE}.$$

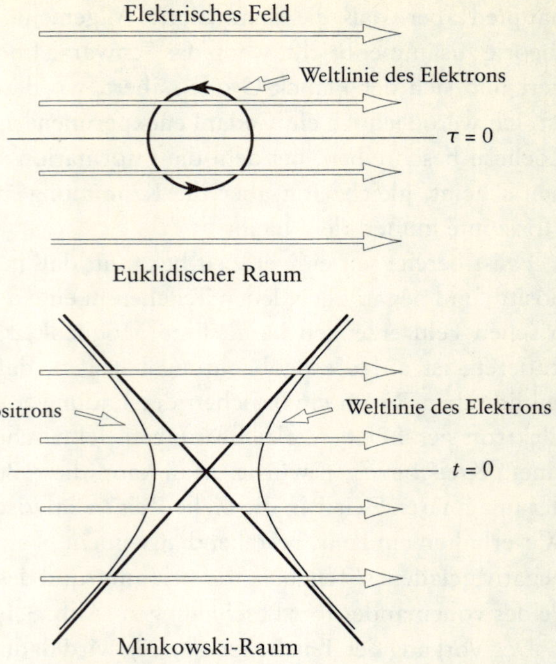

Abb. 3.11: Im euklidischen Raum bewegt sich ein Elektron in einem elektrischen Feld auf einem Kreis. Im Minkowski-Raum erhalten wir ein Paar entgegengesetzt geladener Teilchen, die sich voneinander fort beschleunigen.

Die Paarerzeugung durch starke elektrische Felder wurde experimentell beobachtet, wobei die Häufigkeitsrate mit diesen Abschätzungen übereinstimmt.

Da Schwarze Löcher ebenfalls elektrische Ladung tragen können, würde man erwarten, daß eine Paarerzeugung von Löchern möglich wäre. Die Rate wäre jedoch im Vergleich zu Elektron-Positron-Paaren winzig, da das Verhältnis von

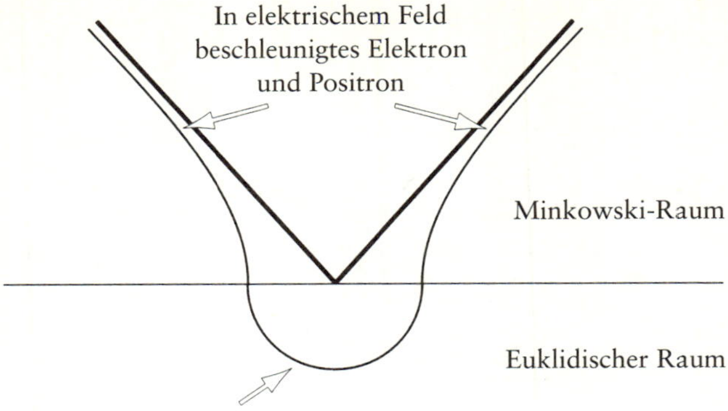

Abb. 3.12: Paarerzeugung wird beschrieben, indem man das halbe euklidische Diagramm an das halbe Minkowski-Diagramm anfügt.

Masse zu Ladung 10^{20}mal größer ist. Das bedeutet, daß jedes elektrische Feld durch die Paarerzeugung von Elektronen und Positronen neutralisiert würde, und zwar lange bevor es eine merkliche Wahrscheinlichkeit für die Paarerzeugung Schwarzer Löcher gäbe. Allerdings gibt es auch Schwarzlochlösungen mit magnetischen Ladungen. Solche Schwarzen Löcher könnten nicht durch Gravitationskollaps erzeugt werden, da es keine magnetisch geladenen Elementarteilchen gibt. Man würde jedoch erwarten, daß man sie in einem starken Magnetfeld in Paaren erzeugen könnte. In diesem Fall würde es keinen konkurrierenden Effekt von der üblichen Teilchenerzeugung her geben, da die üblichen Teilchen keine magnetischen Ladungen tragen. Das Magnetfeld könnte also stark genug werden, um eine merkliche Erzeugungsrate magnetisch geladener Schwarzlochpaare zu ermöglichen.

Im Jahre 1976 fand Ernst eine Lösung mit zwei magnetisch

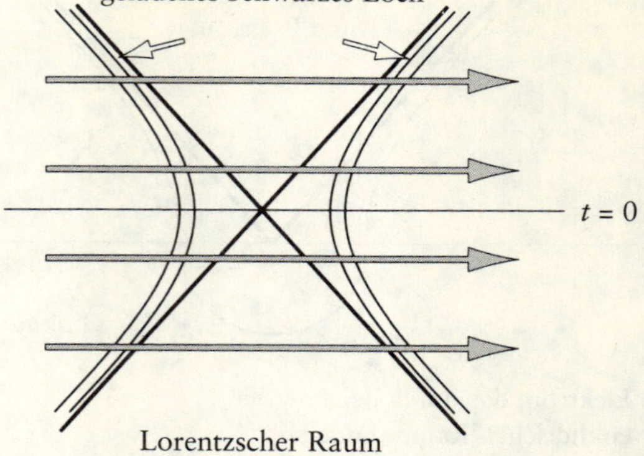

Abb. 3.13: Ein Paar von entgegengesetzt geladenen Schwarzen Löchern, die sich in einem Magnetfeld voneinander fort beschleunigen.

geladenen Schwarzen Löchern, die sich in einem Magnetfeld voneinander fort beschleunigen (Abb. 3.13). Wenn man diese Lösung in die imaginäre Zeit analytisch fortsetzt, ergibt sich ein Bild, das dem der Elektron-Paarerzeugung ähnelt (Abb. 3.14). Das Schwarze Loch bewegt sich auf einem Kreis im gekrümmten euklidischen Raum analog zur Kreisbewegung des Elektrons im flachen euklidischen Raum. Allerdings zeigt sich hier eine Komplikation, da die imaginäre Zeitkoordinate sowohl um den Horizont des Schwarzen Loches als auch um den Mittelpunkt des Kreises, auf dem sich das Schwarze Loch bewegt, periodisch ist. Man muß das Verhältnis von Masse zu Ladung so wählen, daß beide Perioden übereinstimmen. Physikalisch bedeutet dies, die Parameter des Schwarzen Loches so einzustellen, daß seine Temperatur gleich der Temperatur ist, die es aufgrund seiner Beschleuni-

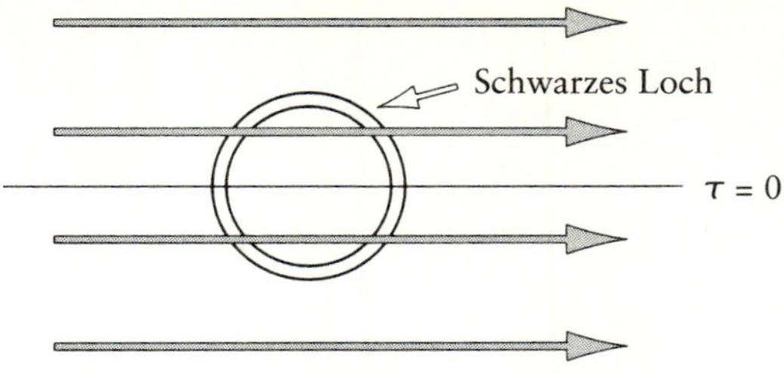

Abb. 3.14: Ein geladenes Schwarzes Loch, das sich auf einem Kreis im euklidischen Raum bewegt.

gung erfährt. Die Temperatur eines magnetisch geladenen Schwarzen Loches geht gegen null, wenn sich in Planck-Einheiten die Ladung der Masse nähert. Für schwache Magnetfelder, also auch für kleine Beschleunigung, kann man die Perioden somit immer gleichsetzen.

Wie im Falle der Elektron-Paarerzeugung kann man die Paarerzeugung Schwarzer Löcher beschreiben, indem man die untere Hälfte der euklidischen Lösung mit imaginärer Zeit an die obere Hälfte der Lorentzschen Lösung mit reeller Zeit anfügt (Abb. 3.15). Nach dieser Vorstellung tunnelt das Schwarze Loch durch das euklidische Gebiet und taucht als zwei entgegengesetzt geladene Schwarze Löcher auf, die durch das Magnetfeld voneinander fort beschleunigt werden. Die Lösung mit den beschleunigten Schwarzen Löchern ist nicht asymptotisch flach, da sie sich im Unendlichen einem gleichförmigen Magnetfeld nähert. Dennoch kann man sie dazu benutzen, die Paarerzeugungsrate von Schwarzen Löchern in einem lokalen Gebiet des Magnetfeldes abzuschätzen. Man könnte sich vorstellen, daß sich die Löcher nach ihrer Erzeu-

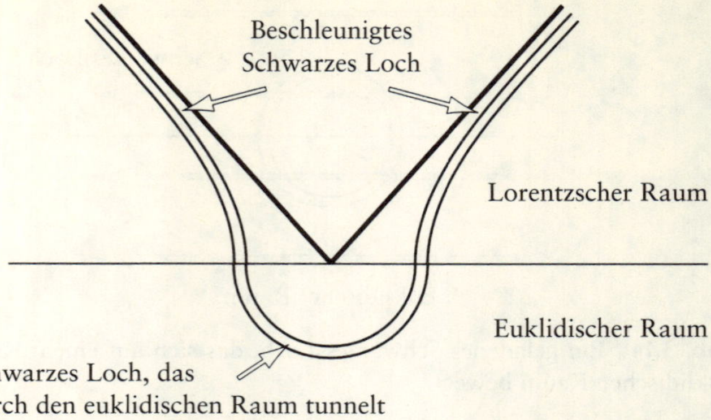

Abb. 3.15: Der Tunnelprozeß zur Erzeugung eines Paares Schwarzer Löcher wird ebenfalls beschrieben, indem man das halbe euklidische Diagramm an das halbe Lorentz-Diagramm anfügt.

gung weit voneinander fort in Gebiete bewegen, in denen kein Magnetfeld vorhanden ist. Jedes Loch könnte dann für sich als Schwarzes Loch in einem asymptotisch flachen Raum betrachtet werden. Man könnte beliebig viel Materie und Information in jedes Loch werfen. Die Löcher würden strahlen und Masse verlieren. Ihre magnetische Ladung bliebe allerdings erhalten, da es keine magnetisch geladenen Teilchen gibt, die sie emittieren könnten. Schließlich würden sie also zu ihrem ursprünglichen Zustand zurückkehren, in dem die Masse ein wenig größer als die Ladung ist. Dann könnte man beide Löcher wieder zusammenbringen und ihre gegenseitige Vernichtung veranlassen. Dieser Vernichtungsvorgang kann als zeitumgekehrter Prozeß der Teilchenerzeugung betrachtet werden. Er wird also durch die obere Hälfte der euklidischen Lösung dargestellt, die man an die untere Hälfte der Lorentzschen Lösung angefügt hat. Zwischen der Paarerzeugung und

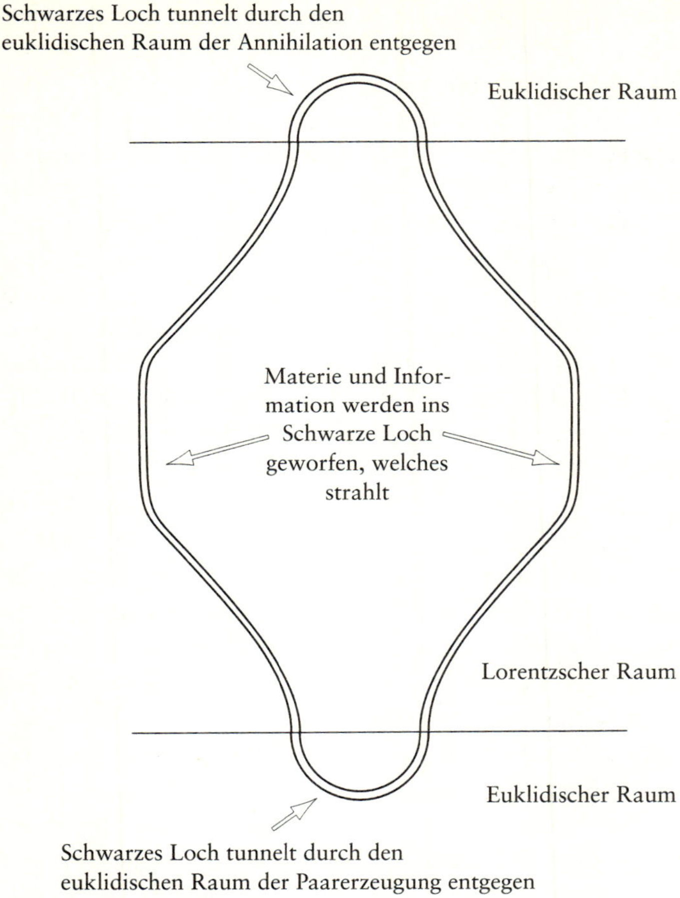

Abb. 3.16: Ein Paar Schwarzer Löcher, das durch Tunneln erzeugt und schließlich wieder durch Tunneln vernichtet wird.

-vernichtung kann es eine lange Lorentzsche Periode geben, während deren sich die Schwarzen Löcher voneinander fort bewegen, Materie ansammeln und strahlen können, bevor sie wieder zusammenfinden. Die Topologie des Gravitationsfeldes ist jedoch die Topologie der euklidischen Ernst-Lösung, die gleich $S^2 \times S^2$ minus einem Punkt ist (Abb. 3.16).

Man mag sich besorgt fragen, ob der verallgemeinerte Zweite Hauptsatz der Thermodynamik verletzt ist, wenn sich die Schwarzen Löcher vernichten, da deren Horizontfläche dann verschwindet. Es stellt sich jedoch heraus, daß die Oberfläche des Beschleunigungshorizontes in der Ernst-Lösung kleiner ist als die Oberfläche, die ihr ohne Paarerzeugung zukäme. Das ist eine ziemlich heikle Rechnung, da die Oberfläche des Beschleunigungshorizontes in beiden Fällen unendlich groß ist. Trotzdem ist deren Differenz in einem wohldefinierten Sinne endlich und gleich der Horizontoberfläche der Schwarzen Löcher plus der Differenz in der Wirkung der Lösungen mit und ohne Paarerzeugung. Man kann dies so verstehen, daß es sich bei dem Vorgang der Paarerzeugung um einen Prozeß mit verschwindender Energie handelt; die Hamilton-Funktionen *mit* und *ohne* Teilchenerzeugung stimmen überein. Ich bin Simon Ross und Gary Horowitz sehr dankbar, weil sie dies gerade rechtzeitig zu meiner Vorlesung berechnen konnten. Es sind Wunder wie diese – ich meine das Ergebnis, nicht die Tatsache, daß sie es herausbekommen haben –, die mich davon überzeugen, daß die Thermodynamik Schwarzer Löcher nicht nur eine Näherung für kleine Energien sein kann. Ich glaube, daß die gravitative Entropie ihre Bedeutung nicht verliert, selbst wenn wir zu einer fundamentaleren Theorie der Quantengravitation übergehen müssen.

Man kann diesem Gedankenexperiment entnehmen, daß sich intrinsische Gravitationsentropie und Informationsverlust einstellen, wenn sich die Topologie der Raumzeit von der des flachen Minkowski-Raums unterscheidet. Sind die in Paaren erzeugten Schwarzen Löcher im Vergleich zur Planck-

Skala groß, ist die Krümmung außerhalb der Horizonte im Vergleich zu dieser Skala überall klein. Deshalb sollte die Näherung, die ich vornahm, indem ich die kubischen und höheren Terme in der Entwicklung vernachlässigte, zutreffen. Die Schlußfolgerung, daß Information in Schwarzen Löchern verschwinden kann, sollte also zuverlässig sein.

Falls die Information in makroskopischen Schwarzen Löchern abhanden kommt, sollte sie auch in Prozessen verlorengehen, bei denen mikroskopisch virtuelle Löcher beteiligt sind, die es aufgrund von Quantenfluktuationen der Metrik gibt. Man könnte sich vorstellen, daß Teilchen und Information in diese Löcher fallen und vernichtet werden. Vielleicht sind dort auch all die verschwundenen Socken hin. Größen wie die Energie oder elektrische Ladung, die an Eichfelder gekoppelt sind, blieben erhalten, aber andere Information und globale Ladungen gingen verloren. Dies hätte weitreichende Konsequenzen für die Quantentheorie.

Gewöhnlich nimmt man an, daß sich ein System, das sich in einem reinen Quantenzustand befindet, über eine Abfolge von reinen Quantenzuständen unitär entwickelt. Wenn es aber Informationsverlust durch das Erscheinen und Verschwinden Schwarzer Löcher gibt, kann es keine unitäre Entwicklung geben. Statt dessen wird sich aufgrund des Informationsverlustes ergeben, daß der Endzustand, nachdem die Schwarzen Löcher verschwunden sind, ein sogenannter *gemischter Quantenzustand* ist. Einen solchen Zustand kann man als Ensemble verschiedener reiner Quantenzustände interpretieren, die jeweils mit ihrer Wahrscheinlichkeit gewichtet sind. Da er nicht mit Sicherheit einem reinen Zustand entspricht, kann man die Wahrscheinlichkeit des Endzustandes nicht durch Interferenz mit irgendeinem Quantenzustand zum Verschwinden bringen. Dies bedeutet, daß die Gravitation eine neue

Abb. 3.17

Ebene der Unvorhersagbarkeit in die Physik einbringt, welche die übliche mit der Quantentheorie verbundene Unsicherheit bei weitem übertrifft. In meiner nächsten Vorlesung (Kapitel 5) werde ich zeigen, daß wir diese zusätzliche Unsicherheit vielleicht sogar schon beobachtet haben. Dies setzt der Hoffnung auf einen wissenschaftlichen Determinismus, der die Zukunft mit Sicherheit vorhersagen will, ein Ende. Anscheinend hält der liebe Gott noch einige Karten in seinem Ärmel versteckt (Abb. 3.17).

KAPITEL 4

QUANTENTHEORIE UND RAUMZEIT

Roger Penrose

Die großen physikalischen Theorien des 20. Jahrhunderts sind die Quantentheorie (QT), die Spezielle Relativitätstheorie (SRT), die Allgemeine Relativitätstheorie (ART) und die Quantenfeldtheorie (QFT). Diese Theorien sind nicht unabhängig voneinander: Die Allgemeine Relativitätstheorie basiert auf der Speziellen Relativitätstheorie, und in die Quantenfeldtheorie gehen sowohl Spezielle Relativitätstheorie als auch Quantentheorie ein.

Es wurde behauptet, daß die Quantenfeldtheorie die bisher genaueste physikalische Theorie sei, wobei ihre Genauigkeit etwa eins zu 10^{11} beträgt. Ich möchte aber darauf hinweisen, daß sich die Allgemeine Relativitätstheorie inzwischen in einem wohldefinierten Sinne mit einer Genauigkeit von eins zu 10^{14} als korrekt erwiesen hat (und diese Genauigkeit wird hauptsächlich durch die Präzision der Uhren auf der Erde beschränkt). Ich rede jetzt von dem Binärpulsar PSR 1913 + 16, zwei sich umkreisenden Neutronensternen, von denen einer ein Pulsar ist. Die ART sagt voraus, daß die Umlaufbahn allmählich enger wird (und die Periode kürzer), da wegen der Aussendung von Gravitationswellen Energie verlorengeht. Dies wurde in der Tat beobachtet; die gesamte Beschreibung der Bewegung, welche von den Newtonschen Bahnen an

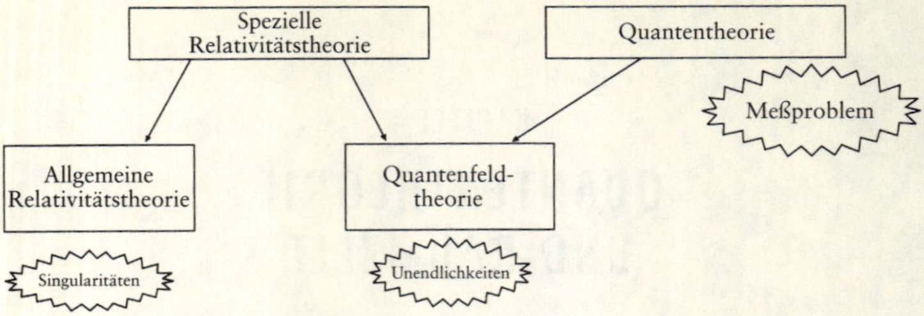

Abb. 4.1: Die großen physikalischen Theorien des 20. Jahrhunderts – und ihre fundamentalen Probleme.

einem Ende über ART-Korrekturen in der Mitte bis hin zu der Beschleunigung der Bahnbewegung durch Gravitationswellen am anderen Ende führt, stimmt mit der ART (in welche ich die Newtonsche Theorie einbeziehe) überein – und zwar mit der oben erwähnten bemerkenswerten Genauigkeit, die sich aus Beobachtungen über einen Zeitraum von zwanzig Jahren ergeben hat. Den Entdeckern dieses Systems wurde völlig zu Recht der Nobelpreis verliehen. Quantentheoretiker haben immer verlangt, man solle wegen der Genauigkeit ihrer Theorie die ART ändern, um sie in ihren Rahmen einzufassen. Ich glaube aber, daß es jetzt an der QFT ist, ein wenig aufzuholen.

Obwohl diese vier Theorien bemerkenswerte Erfolge vorzuweisen haben, sind sie nicht ohne Probleme. Das Problem der QFT besteht darin, daß man bei der Berechnung der Amplitude eines mehrfach zusammenhängenden Feynman-Diagramms zunächst immer unendlich als Antwort erhält. Diese Unendlichkeiten müssen als Teil des Renormierungsprozesses der Theorie subtrahiert oder wegskaliert werden. Die ART sagt die Existenz von raumzeitlichen Singularitäten

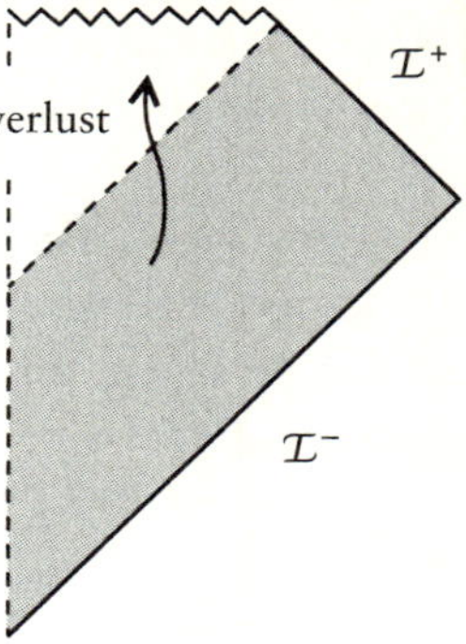

Abb. 4.2: Carter-Diagramm eines Schwarzlochkollapses.

voraus. In der QT gibt es das «Meßproblem», das ich später noch beschreiben werde. Vielleicht liegt die Lösung der Probleme dieser Theorien darin, daß jede auf ihre Weise unvollständig ist. Beispielsweise gehen viele davon aus, daß die QFT die Singularitäten der ART irgendwie «ausschmiert». Die Divergenzprobleme in der QFT könnten zum Teil durch ein ultraviolettes Cutoff aus der ART gelöst werden. Ich glaube, daß auch das Meßproblem letztendlich dadurch gelöst werden wird, daß man ART und QT auf sinnvolle Weise zu einer neuen Theorie vereinigt.

Ich möchte jetzt über den Informationsverlust bei Schwarzen Löchern reden, der meiner Meinung nach für das eben erwähnte Problem relevant ist. Ich stimme mit fast allem überein, was Stephen hierüber gesagt hat. Während jedoch für ihn dieser Informationsverlust durch Schwarze Löcher eine zusätzliche Unsicherheit in der Physik darstellt, welche über die Unsicherheit der QT noch hinausgeht, betrachte ich ihn als «komplementäre» Unsicherheit. Lassen Sie mich dies erläutern. Man kann verstehen, wie der Informationsverlust in einer Raumzeit mit einem Schwarzen Loch vor sich geht, wenn man ein Carter-Diagramm der Raumzeit konstruiert (Abb. 4.2). Die «einlaufende Information» wird auf dem lichtartig Vergangenheitsunendlichen $\mathcal{I}^-$ festgelegt und die «auslaufende Information» auf dem lichtartig Zukunftsunendlichen $\mathcal{I}^+$. Man könnte sagen, daß die fehlende Information abhanden kommt, nachdem sie durch den Horizont des Schwarzen Loches gefallen ist, doch betrachte ich sie lieber erst dann als verlorengegangen, wenn sie auf die Singularität trifft. Stellen wir uns nun den Kollaps eines Materiekörpers zu einem Schwarzen Loch vor, dem sich die Verdampfung des Loches durch Hawking-Strahlung anschließt. (Man muß sich gewiß sehr lange gedulden, um dies zu sehen – vielleicht länger als die Lebensdauer des Universums!) Ich stimme mit Stephens Sicht überein, daß Information bei diesem Szenario von Kollaps und Verdampfung vernichtet wird. Wir können auch von dieser gesamten Raumzeit ein Carter-Diagramm zeichnen (Abb. 4.3).

Die Singularität im Innern des Schwarzen Loches ist raumartig und besitzt im Einklang mit den Ausführungen meines letzten Vortrags (Kapitel 2) eine große Weyl-Krümmung. Möglicherweise entwischt ein kleiner Teil der Information bei der Verdampfung des Schwarzen Loches aus einem übriggebliebenen Stück Singularität (die, da sie in der Vergangenheit zukünftiger äußerer Beobachter liegt, wenig oder keine Weyl-Krümmung aufweist), doch ist dieser winzige Informationsgewinn viel kleiner als der Informationsverlust beim Kollaps (bei jedem als vernünftig zu betrachtenden Szenario vom endgültigen Verschwinden des Loches). Wenn wir das System bei einem Gedankenexperiment in einen riesigen Kasten einsperren, können wir die Phasenraumentwicklung der Materie im

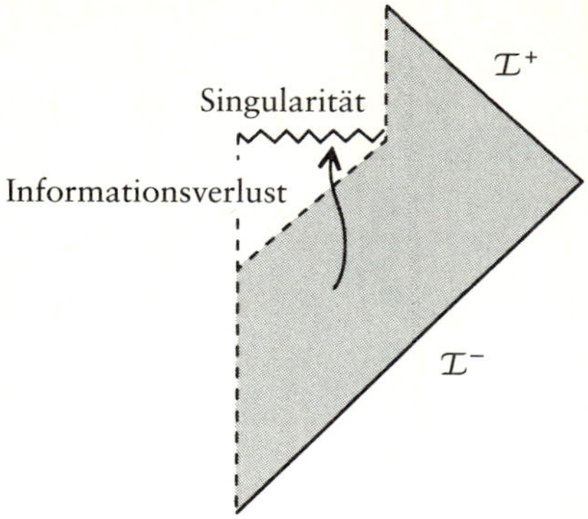

Abb. 4.3: Carter-Diagramm eines verdampfenden Schwarzen Loches.

Innern des Kastens betrachten. In dem Gebiet des Phasenraums, das Situationen entspricht, bei denen ein Schwarzes Loch vorhanden ist, konvergieren die Bahnen der physikalischen Entwicklung, und das mit diesen Bahnen mitbewegte Volumen wird kleiner. Das liegt daran, daß Information in der Singularität des Schwarzen Loches verlorengeht. Diese Abnahme des Volumens steht in direktem Widerspruch zu einem Theorem in der herkömmlichen klassischen Mechanik, *Liouville-Theorem* genannt, das besagt, daß Volumina im Phasenraum konstant bleiben. (Es handelt sich dabei um ein klassisches Theorem. Genaugenommen, sollten wir eine Quantenentwicklung im Hilbert-Raum betrachten. Die Verletzung des Liouville-Theorems entspräche dann einer nichtunitären Entwicklung.) Eine Raumzeit mit einem Schwarzen Loch verletzt deshalb diese Erhaltung. In dem von mir betrachteten Szenario wird dieser Verlust von Phasenraumvolumen jedoch durch einen Vorgang der «spontanen» Quantenmessung ausgeglichen, bei dem Information gewonnen wird

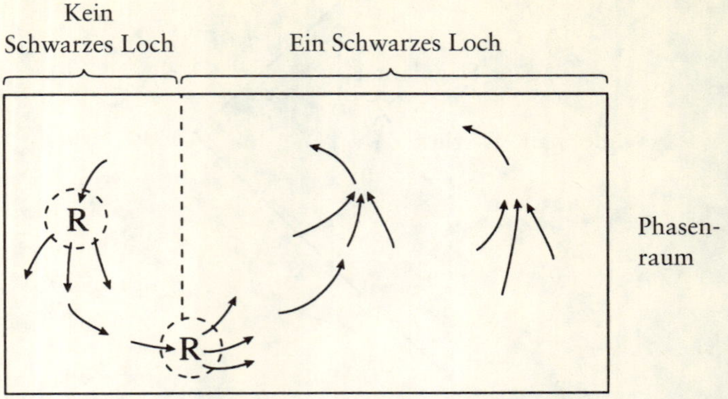

Abb. 4.4: Zu Verlust von Phasenraumvolumen kommt es, wenn ein Schwarzes Loch existiert. Dies könnte durch den Gewinn von Phasenraumvolumen ausgeglichen werden, der mit dem Kollaps der Wellenfunktion **R** verbunden ist.

und das Phasenraumvolumen wächst. Daher betrachte ich die Unsicherheit durch den Informationsverlust bei Schwarzen Löchern als der Unsicherheit in der Quantentheorie «komplementär»: beide sind verschiedene Seiten der gleichen Medaille (Abb. 4.4).

Man kann sagen, daß Vergangenheitssingularitäten wenig Information tragen, während es bei Zukunftssingularitäten eine Menge davon gibt. Das ist der Grund für die Gültigkeit des Zweiten Hauptsatzes der Thermodynamik. Die Asymmetrie bei diesen Singularitäten hängt auch mit der Asymmetrie des Meßprozesses zusammen. Deswegen wenden wir uns jetzt wieder dem Meßproblem in der Quantentheorie zu.

Das Doppelspaltproblem kann dazu dienen, die Prinzipien der Quantentheorie zu veranschaulichen. Hierbei fällt ein Lichtstrahl auf ein undurchlässiges Hindernis, in dem sich zwei Spalte A und B befinden. Dies erzeugt auf einem dahinter befindlichen Schirm ein Interferenzmuster von hellen und dunklen Streifen. Einzelne Photonen erreichen den Schirm an diskreten Punkten, doch gibt es wegen der Interferenzstreifen Punkte auf dem Schirm, die nicht erreicht werden können. Sei p ein solcher Punkt – trotzdem *könnte* p erreicht werden, wenn einer der beiden Spalte geschlossen wäre. Destruktive Interferenz dieser Art, bei der sich alternative Möglichkeiten manchmal auslöschen können, gehört zu den rätselhaftesten Eigenschaften der Quantenmechanik. Wir erklären dies durch das *Superpositionsprinzip* der Quantentheorie, welches folgendes besagt: Wenn Weg A und Weg B mögliche Wege für das Photon sind, wobei die zugehörigen Photonzustände mit $|A\rangle$ und $|B\rangle$ bezeichnet seien – und wir wollen annehmen, daß das Photon diese Wege durchlaufen kann, um p zu erreichen, indem es zuerst durch den ersten Spalt oder zuerst durch den zweiten Spalt geht –, so ist auch die Kombination $z|A\rangle + w|B\rangle$ möglich, wobei z und w komplexe Zahlen sind.

Da w und z *komplexe Zahlen* sind, ist es unangemessen, sie irgendwie als *Wahrscheinlichkeiten* zu betrachten. Der Zustand des Photons *ist* genau eine solche komplexe Superposition. Eine *unitäre* Entwicklung eines Quantensystems (die ich mit **U** bezeichnen werde) hält Superpositionen intakt: Falls $zA_0 + wB_0$ eine Superposition zur Zeit $t = 0$ ist, wird sie sich nach einer Zeit t in $zA_t + wB_t$ entwickelt haben, wobei A_t und B_t die jeweilige Entwicklung der beiden Alternativen nach einer Zeit t darstellen. Bei der Messung eines Quantensystems, bei der Quantenalternativen verstärkt werden, um klassisch unterscheidbare Alternativen zu ergeben, scheint eine andere Art «Entwicklung» stattzufinden, die man *Reduktion* des Zustandsvektors oder «Kollaps der Wellenfunktion» nennt (was ich mit **R** abkürze). Wahrscheinlichkeiten

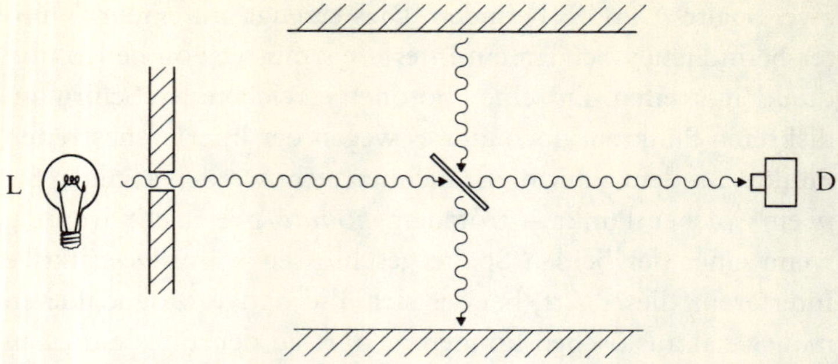

Abb. 4.5: Ein einfaches Experiment veranschaulicht, daß die mit **R** verbundenen Quantenwahrscheinlichkeiten nicht auf die umgekehrte Zeitrichtung angewandt werden dürfen.

kommen nur dann ins Spiel, wenn das System in diesem Sinne «gemessen» wird, und die relative Wahrscheinlichkeit für das Auftreten beider Ereignisse beträgt dann $|z|^2 : |w|^2$.

U und **R** sind sehr unterschiedliche Prozesse: U ist deterministisch, linear, lokal (im Konfigurationsraum) und zeitlich symmetrisch. **R** ist nicht deterministisch, entschieden nichtlinear, nichtlokal und zeitlich asymmetrisch. Dieser Unterschied zwischen den beiden fundamentalen Entwicklungsvorgängen in der QT ist bemerkenswert. Es ist extrem unwahrscheinlich, daß **R** jemals als eine Näherung aus **U** abgeleitet werden kann (obwohl dies häufig versucht wird). Dies ist also das «Meßproblem».

Der Vorgang **R** ist insbesondere zeitlich asymmetrisch. Nehmen wir an, daß von einer Photonenquelle L ein Lichtstrahl auf einen halbversilberten Spiegel eingestrahlt wird, der um 45 Grad nach unten geneigt ist und hinter dem sich ein Detektor D befindet (Abb. 4.5).

Da der Spiegel nur halb versilbert ist, gibt es eine Superposition von durchgelassenen und reflektierten Zuständen, die gleich gewichtet sind. Das führt mit fünfzigprozentiger Wahrscheinlichkeit dazu, daß ein einzelnes Photon den Detektor aktiviert, anstatt vom Laborboden absorbiert zu werden. Diese fünfzig Prozent sind die Antwort auf die Frage: Wie hoch ist die Wahrscheinlichkeit, daß ein Photon, das L emittiert, von D registriert wird? Die Antwort auf diese Art von Frage wird durch die Regel **R** festgelegt. Wir könnten jedoch auch fragen: Wie hoch ist die Wahrscheinlichkeit, daß ein von D registriertes Photon von L emittiert wurde? Man könnte annehmen, daß sich die Wahrscheinlichkeiten auf dieselbe Weise wie eben berechnen lassen. **U** ist zeitlich symmetrisch – warum sollte dies für **R** nicht ebenfalls gelten? Angewandt auf die Vergangenheit, liefert die (zeitlich umgekehrte) Regel **R** jedoch nicht die richtigen Wahrscheinlichkeiten. In der Tat wird die Antwort auf diese Frage durch eine ganz andere Überlegung festgelegt, nämlich durch den Zweiten Hauptsatz der Thermodynamik – hier auf die Wand angewandt –, weshalb die Asymmetrie letztlich auf die zeitliche Asymmetrie des Universums zurückzuführen ist. Aharonov, Bergmann und Liebowitz (1964) konnten zeigen, wie der Meßprozeß in einem zeitlich symmetrischen Rahmen beschrieben werden kann. Demgemäß folgt die zeitliche Asymmetrie von **R** aus asymmetrischen Randbedingungen in der Zukunft und der Vergangenheit. Dieser allgemeine Rahmen wird auch von Griffiths (1984), Omnès (1992) sowie Gell-Mann und Hartle (1990) angenommen. Da der Ursprung des Zweiten Hauptsatzes auf die Asymmetrie in der Singularitätenstruktur der Raumzeit zurückgeführt werden kann, legt diese Verbindung nahe, daß es einen Zusammenhang zwischen dem Meßproblem in der QT und dem Singularitätenproblem in der ART gibt. Man erinnere sich an meinen Vorschlag aus dem letzten Vortrag, daß die Anfangssingularität sehr wenig Information und einen verschwindenden Weyl-Tensor besitzt, während sich die Endsingularität (beziehungsweise Singularitäten oder Unendlichkeiten) durch reichhaltige Information und divergierenden Weyl-Tensor (im Falle von Singularitäten) auszeichnen.

Um meine eigene Position in bezug auf das Verhältnis von QT und ART zu präzisieren, werde ich jetzt diskutieren, was wir unter *Quantenrealität* verstehen: Stimmt es, daß der Zustandsvektor «real» ist, oder ist die Dichtematrix «real»? Die Dichtematrix stellt unser unvollständiges Wissen über den Zustand dar und enthält deshalb zwei Arten von Wahrscheinlichkeiten – klassische Unbestimmtheit wie auch Quantenwahrscheinlichkeit. Wir können die Dichtematrix in der Form

$$D = \sum_{i=1}^{N} p_i |\psi_i\rangle\langle\psi_i|$$

schreiben, worin die p_i Wahrscheinlichkeiten sind, reelle Zahlen mit der Bedingung $\sum p_i = 1$, und wobei jedes $|\psi_i\rangle$ auf eins normiert sei. Dies ist eine mit den entsprechenden Wahrscheinlichkeiten gewichtete Mischung von Zuständen. Die $|\psi_i\rangle$ brauchen nicht orthogonal zu sein, und N kann sich als größer erweisen als die Dimension des Hilbert-Raumes. Betrachten wir als Beispiel ein EPR-artiges Experiment, bei dem ein Teilchen mit Spin null, das sich im Bezugssystem des Experiments in Ruhe befindet, in zwei Teilchen mit Spin einhalb zerfällt. Diese beiden Teilchen fliegen in entgegengesetzten Richtungen davon und werden «hier» und «dort» registriert – wobei «dort» sehr weit von «hier» entfernt sein kann, beispielsweise auf dem Mond. Wir schreiben den Zustandsvektor als Superposition von Möglichkeiten:

$$|\psi\rangle = \{|\text{oben hier}\rangle|\text{unten dort}\rangle - |\text{unten hier}\rangle|\text{oben dort}\rangle\}/\sqrt{2}, \qquad (4.1)$$

wobei $|\text{oben hier}\rangle$ einen Zustand bezeichnet, in dem der Spin des Teilchens «hier» in Richtung «oben» zeigt, und so weiter. Nehmen wir nun an, daß auf dem Mond die z-Richtung des Spins gemessen wurde, wir aber das Ergebnis nicht erfahren. Unser Zustand hier wird dann durch die Dichtematrix

$$D = \frac{1}{2}|\text{oben hier}\rangle\langle\text{oben hier}| + \frac{1}{2}|\text{unten hier}\rangle\langle\text{unten hier}| \qquad (4.2)$$

beschrieben. Alternativ dazu mag auf dem Mond die x-Richtung des Spins gemessen worden sein. Wenn wir den Zustandsvektor (4.1) in die Form

$$|\psi\rangle = \{|\text{links hier}\rangle|\text{rechts dort}\rangle - |\text{rechts hier}\rangle|\text{links dort}\rangle\}/\sqrt{2}$$

umschreiben, erhalten wir jetzt als entsprechende Dichtematrix

$$D = \frac{1}{2}|\text{links hier}\rangle\langle\text{links hier}| + \frac{1}{2}|\text{rechts hier}\rangle\langle\text{rechts hier}|,$$

die in der Tat gleich der von (4.2) ist. Falls der Zustandsvektor jedoch die Realität beschreibt, kann die Dichtematrix dies nicht leisten. Sie gibt nur die «hier» gefundenen Meßergebnisse unter der Voraussetzung wieder, daß man nicht weiß, was «dort» vor sich geht. Es wäre möglich, daß mich vom Mond ein Brief erreicht, der mich über die Art und das Ergebnis der Messung dort in Kenntnis setzt. Falls ich also (im Prinzip) diese Information bekommen kann, muß ich das gesamte (verschränkte) System durch einen Zustandsvektor beschreiben.

Im allgemeinen gibt es sehr viele Möglichkeiten, eine gegebene Dichtematrix als mit Wahrscheinlichkeiten gewichtete Mischung von Zuständen zu formulieren. Zudem besagt ein kürzlich bewiesenes Theorem von Hughston, Jozsa und Wootters (1993), daß es für jede Dichtematrix, die auf diese Weise als die «hier»-Vergangenheit eines EPR-Systems zustande kommt, und für jede Interpretation dieser Dichtematrix als mit Wahrscheinlichkeiten gewichtete Mischung von Zuständen, immer eine Messung «dort» gibt, die zu genau dieser *bestimmten* Interpretation der Dichtematrix «hier» als Wahrscheinlichkeitsmischung führt.

Andererseits lassen sich Gründe dafür ins Feld führen, daß die Dichtematrix in Anwesenheit eines Schwarzen Loches die Realität beschreibt, was, soweit ich es verstehe, Stephens Auffassung näher kommt.

John Bell nannte die übliche Beschreibung der Reduktion des Zustandsvektors manchmal FAPP, was «for all practical purposes», «für alle praktischen Zwecke» bedeutet. Nach diesem Standardverfahren können wir den gesamten Zustandsvektor in der Form

$$|\psi_{tot}\rangle = w|\text{oben hier}\rangle|?\rangle + z|\text{unten hier}\rangle|?'\rangle$$

schreiben, wobei sich die $|?\rangle$ auf Dinge in der Umgebung außerhalb unserer Meßapparaturen bezieht. Falls Information in der Umgebung verlorengeht, bleibt uns nur die Dichtematrix:

$$D = |w|^2|\text{oben hier}\rangle\langle\text{oben hier}| + |z|^2|\text{unten hier}\rangle\langle\text{unten hier}|.$$

Solange wir nicht in der Lage sind, Information aus der Umgebung zurückzuholen, können wir den Zustand «genausogut» (FAPP) als $|\text{oben hier}\rangle$ oder $|\text{unten hier}\rangle$ mit den entsprechenden Wahrscheinlichkeiten $|w|^2$ und $|z|^2$ betrachten.

Da die Dichtematrix uns nicht mitteilt, aus welchen Zuständen sie besteht, benötigen wir noch eine weitere Annahme. Das Gedankenexperiment mit Schrödingers Katze mag diesen Punkt erläutern. Es handelt sich um eine arme Katze, die in einem Kasten eingesperrt ist. Nehmen wir an, daß in dem Kasten ein Photon emittiert wird, das auf einen halbversilberten Spiegel trifft; der durchgehende Teil der Wellenfunktion des Photons erreicht einen Detektor, und dieser löst, falls er anspricht, automatisch einen Gewehrschuß aus, der die Katze tötet. Registriert der Detektor jedoch kein Photon, bleibt die Katze am Leben. (Ich weiß, daß Stephen es mißbilligt, Katzen zu malträtieren, sogar in einem Gedankenexperiment!) Die Wellenfunktion des Systems ist eine Superposition dieser beiden Möglichkeiten:

$$w|\text{tote Katze}\rangle|\text{Knall}\rangle + z|\text{lebendige Katze}\rangle|\text{kein Knall}\rangle,$$

wobei $|\text{Knall}\rangle$ und $|\text{kein Knall}\rangle$ für die Zustände der Umgebung stehen. In der Viele-Welten-Interpretation der Quantenmechanik hätte man (die Umgebung ignorierend)

$$w|\text{tote Katze}\rangle|\text{weiß, daß Katze tot ist}\rangle + z|\text{lebendige Katze}\rangle|\text{weiß, daß Katze lebt}\rangle, \qquad (4.3)$$

wobei $|\text{weiß, daß}\ldots\rangle$ sich auf den Bewußtseinszustand des Experimentators bezieht. Warum aber erlaubt uns unsere Wahrnehmung nicht, makroskopische *Superpositionen* wie diesen Zustand anstelle der makroskopischen *Alternativen* «Katze tot» und «Katze lebendig» zu sehen? Im Falle $w = z = 1/\sqrt{2}$ können wir (4.3) als Superposition

$$\{(|\text{tote Katze}\rangle + |\text{lebendige Katze}\rangle) \\ \times (|\text{weiß, daß Katze tot ist}\rangle + (|\text{weiß, daß Katze lebt}\rangle) \\ + (|\text{tote Katze}\rangle - |\text{lebendige Katze}\rangle) \\ \times (|\text{weiß, daß Katze tot ist}\rangle - |\text{weiß, daß Katze lebt}\rangle)\}/2\sqrt{2}$$

schreiben. Finden wir keinen Grund, «Wahrnehmungszustände» wie $(|\text{weiß, daß Katze tot ist}\rangle + (|\text{weiß, daß Katze lebt}\rangle)/\sqrt{2}$ auszuschließen, so sind wir der Lösung um keinen Schritt näher gekommen.

Das gleiche trifft auf die Umgebung zu; wenn wir wieder das Beispiel $w = z = 1/\sqrt{2}$ heranziehen, können wir die Dichtematrix auf die Form

$$D = \frac{1}{4}(|\text{tote Katze}\rangle + |\text{lebendige Katze}\rangle)(\langle\text{tote Katze}| + \langle\text{lebendige Katze}|) \\ + \frac{1}{4}(|\text{tote Katze}\rangle - |\text{lebendige Katze}\rangle)(\langle\text{tote Katze}| - \langle\text{lebendige Katze}|)$$

bringen. Wir sehen jetzt, daß die «Dekohärenz durch die Umgebung» nicht erklärt, warum die Katze entweder einfach lebendig oder tot ist.

Ich will an dieser Stelle die Themen Bewußtsein oder Dekohärenz nicht weiter ausführen. Meiner Meinung nach ist die Antwort auf das Meßproblem woanders zu finden. Ich meine, daß irgend etwas mit den alternativen Raumzeitgeometrien passiert, die auftreten, wenn die ART ins Spiel kommt. Vielleicht ist eine Superposition von zwei verschiedenen Geometrien *instabil* und zerfällt in *eine* der beiden Alternativen. Bei den Geometrien mag es sich beispielsweise um die Raumzeiten einer lebendigen beziehungsweise einer toten Katze handeln. Ich bezeichne diesen Zerfall in die eine *oder* (*or*) andere Alternative als objektive Reduktion, eine Benennung, die mir wegen der passenden Abkürzung (**OR**) gefällt. Wie hängt die Planck-Länge von 10^{-33} Zentimeter damit zu-

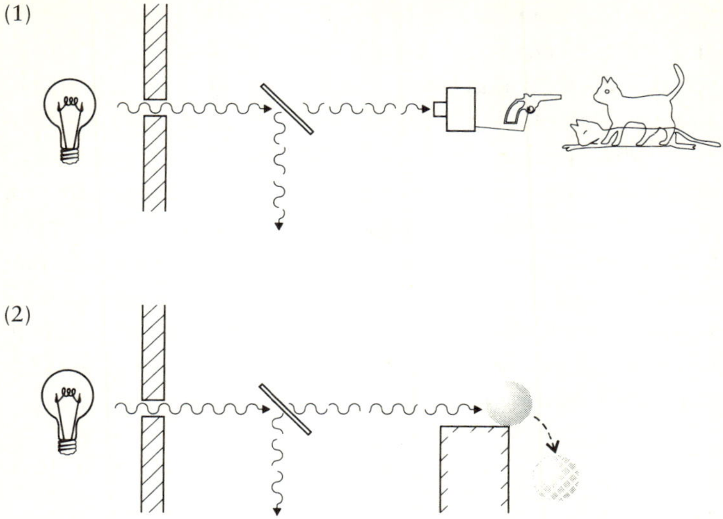

Abb. 4.6: Schrödingers Katze (1) und eine humanere Version (2).

sammen? Die Planck-Skala bestimmt die Bedingung für die merkliche Verschiedenheit zweier Geometrien. Sie bestimmt zudem die Zeitskala, auf welcher sich die Reduktion in die beiden Alternativen ereignet.

Gönnen wir der Katze einen freien Tag und wenden uns erneut dem Problem mit dem halbversilberten Spiegel zu, wobei diesmal die Registrierung eines Photons die Bewegung einer großen Masse von einem Ort zu einem anderen auslöst (Abb. 4.6).

Wir können das Problem, uns um die Zustandsreduktion im Detektor Gedanken machen zu müssen, vermeiden, indem wir die Masse einfach so nahe am Rand eines Abhangs postieren, daß ein Photon genügt, um sie hinunterzustoßen!

Wann wird ausreichend Masse bewegt, um die Superposition der beiden Alternativen instabil werden zu lassen? Ich schlage vor, daß die Gravitation hierauf die Antwort liefert (siehe Penrose 1993, 1994; ebenso Diósi 1989, Ghirardi, Grassi und Rimini 1990). Um die Zerfallszeit in diesem Rahmen zu berechnen, betrachten wir die Energie *E*, die aufzubringen wäre, um eine Version der beiden identischen Massen im Gravitationsfeld der anderen von der übereinstimmenden Position fortzuziehen, und zwar so weit, bis diese zwei Positionen der Massen die hier zur Rede stehende Massensuperposition ergeben. Ich schlage vor, daß die Zeitskala für den Kollaps des Zustandsvektors dieser Superposition von der Größenordnung

$$T \approx \frac{\hbar}{E} \qquad (4.4)$$

ist. Für ein Nukleon betrüge dies annähernd 10^8 Jahre, weshalb die Instabilität in bestehenden Experimenten nicht feststellbar wäre. Für einen Wasserfleck von der Größe 10^{-5} Zentimeter würde der Kollaps dagegen etwa zwei Stunden benötigen. Wäre der Fleck 10^{-4} Zentimeter groß, würde der Kollaps etwa eine Zehntelsekunde dauern, während der Kollaps des Zustandsvektors bei einer Größe von 10^{-3} Zentimetern nur einige 10^{-6} Sekunden bräuchte. Dies gilt, wenn die Masse von der Umgebung isoliert ist; der Zerfall wird durch Bewegung von Massen in der Umgebung noch beschleunigt. Vorschläge, das Meßproblem in der QT auf diese Weise zu lösen, neigen dazu, in Widerspruch zur Energieerhaltung und zur Lokalität zu geraten. In der ART gibt es jedoch eine Unsicherheit in bezug auf die gravitative Energie, vor allem im Hinblick auf den Beitrag, den sie zu dem superponierten Zustand liefern würde. Die Energie der Gravitation ist in der ART von nichtlokaler Art: Potentielle Gravitationsenergie trägt auf nichtlokale Weise (negativ) zur Gesamtenergie bei, während Gravitationswellen (positive) nichtlokale Energie von einem System forttragen können. Sogar die flache Raumzeit kann unter gewissen Umständen zur Gesamtenergie beitragen. Die Energieunbestimmtheit in dem superponierten Zustand der beiden Massenlokalisierungen, wie er hier betrachtet wurde, ist (wegen Heisenbergs Unschärferelation) mit der Zerfallszeit (4.4) konsistent.

Fragen und Antworten

Frage: Professor Hawking erwähnte, daß das Gravitationsfeld in mancher Hinsicht einen Sonderfall im Vergleich zu den anderen Feldern darstellt. Was denken Sie darüber?

Antwort: Das Gravitationsfeld ist sicherlich von besonderer Natur. Die Geschichte dieses Themas hat einen ironischen Aspekt: Newton begann die Physik mit der Gravitationstheorie, und diese Theorie diente als Paradigma für die Betrachtung aller anderen physikalischen Wechselwirkungen. Jetzt stellt sich aber heraus, daß sich die Gravitation stark von allen anderen Wechselwirkungen unterscheidet. Nur die Gravitation beeinflußt die Kausalität, was weitgehende Konsequenzen im Hinblick auf Schwarze Löcher und Informationsverlust hat.

KAPITEL 5

QUANTENKOSMOLOGIE

Stephen Hawking

In meinem dritten Vortrag werde ich mich der Kosmologie zuwenden. Früher wurde sie eher als Pseudowissenschaft betrachtet, mit der sich Physiker befaßten, die vielleicht in jüngeren Jahren nützliche Arbeit geleistet, auf ihre alten Tage aber einen Hang zum Mystischen entwickelt hatten. Für diese Auffassung gab es zwei Gründe. Zunächst gab es fast keine zuverlässigen Beobachtungen. In der Tat bestand bis in die zwanziger Jahre hinein die einzig wichtige kosmologische Beobachtung darin, daß der Himmel nachts dunkel ist, und zudem wurde noch nicht einmal die Bedeutung, die hierin liegt, erkannt.

In den letzten Jahrzehnten haben sich jedoch die Reichweite und die Qualität der kosmologischen Beobachtungen mit Hilfe des technologischen Fortschritts enorm verbessert. Es kann der Kosmologie als Wissenschaft also nicht länger vorgeworfen werden, sie habe keine empirische Basis.

Es gibt jedoch einen zweiten und ernsthafteren Einwand. Die Kosmologie kann nichts über das Universum vorhersagen, wenn sie keine Annahme über die Anfangsbedingungen trifft. Ohne eine solche Annahme kann man nur sagen, daß die Dinge so sind, wie sie sind, weil sie zu einem früheren Zeitpunkt so waren, wie sie waren. Dennoch meinen viele, die

Wissenschaft sollte sich nur mit den lokalen Gesetzen befassen, die zum Ausdruck bringen, wie sich das Universum in der Zeit entwickelt. Für sie gehören die Randbedingungen, die den Anfang des Universums festlegen, eher in den Bereich von Metaphysik oder Religion als in die Wissenschaft.

Die Lage wurde durch die von Roger und mir bewiesenen Theoreme noch verschlimmert. Sie zeigten, daß es aufgrund der Allgemeinen Relativitätstheorie eine Singularität in der Vergangenheit gegeben haben muß. An dieser Singularität können die Feldgleichungen nicht definiert werden. Die klassische Allgemeine Relativitätstheorie benennt also ihre eigene Grenze: Sie sagt voraus, daß sie das Universum nicht voraussagen kann.

Obwohl viele Leute dieses Ergebnis sehr begrüßen, hat es mich immer tief beunruhigt. Wenn die Gesetze der Physik zu Beginn des Universums zusammenbrechen konnten, warum könnten sie dann nicht auch anderswo zusammenbrechen? In der Quantentheorie gibt es ein Prinzip, dem zufolge alles passieren kann, was nicht absolut verboten ist. Sobald man zuläßt, daß singuläre Geschichten zum Pfadintegral beitragen, könnten diese überall auftauchen, und die Vorhersagbarkeit würde vollständig verschwinden. Wenn die Gesetze der Physik an den Singularitäten zusammenbrechen, können sie das überall tun.

Man besitzt nur dann eine wissenschaftliche Theorie, wenn die Gesetze der Physik überall gelten, auch zu Beginn des Universums. Dies könnte man als Triumph für die Prinzipien der Demokratie ansehen: Warum sollte der Beginn des Universums von den Gesetzen ausgenommen sein, die an allen anderen Punkten gelten? Wenn alle Punkte gleichberechtigt sind, kann man nicht zulassen, daß einige als gleicher behandelt werden sollen als andere.

Um die Vorstellung näher auszuführen, daß die Gesetze der Physik überall gelten, sollte man im Pfadintegral nur über nichtsinguläre Metriken integrieren. Man weiß vom üblichen Pfadintegral her, daß das Maß auf nichtdifferenzierbaren Pfaden konzentriert ist. Diese sind aber in einer geeigneten Topologie die Vervollständigung der Menge der glatten Pfade mit wohldefinierter Wirkung. Analog dazu würde man erwarten, daß das Pfadintegral für die Quantengravitation über der Vervollständigung des Raumes der glatten Metriken zu nehmen sei. Was zum Pfadintegral nicht beitragen sollte, sind Metriken mit Singularitäten, deren Wirkung nicht definiert ist.

Im Falle von Schwarzen Löchern haben wir festgestellt, daß das Pfadintegral über euklidischen, also positiv definiten Metriken zu nehmen sei. Dies bedeutet, daß Singularitäten Schwarzer Löcher wie etwa bei der Schwarzschild-Lösung in den euklidischen Metriken nicht erscheinen, da diese nicht in das Innere des Horizontes gehen. Statt dessen entspricht dem Horizont eher so etwas wie der Ursprung von Polarkoordinaten. Die Wirkung der euklidischen Metrik ist daher wohldefiniert. Man könnte dies als eine Quantenversion der kosmischen Zensur interpretieren: Der Zusammenbruch der Struktur bei einer Singularität sollte physikalische Messungen nicht beeinflussen.

Es sieht deshalb so aus, als sei das Pfadintegral der Quantengravitation über nichtsinguläre euklidische Metriken zu nehmen. Wie sollten aber die Randbedingungen auf diesen Metriken lauten? Es gibt genau zwei Möglichkeiten. Die erste betrifft Metriken, die sich außerhalb einer kompakten Menge der flachen euklidischen Metrik annähern. Die zweite Möglichkeit betrifft Metriken auf Mannigfaltigkeiten, die kompakt und ohne Rand sind.

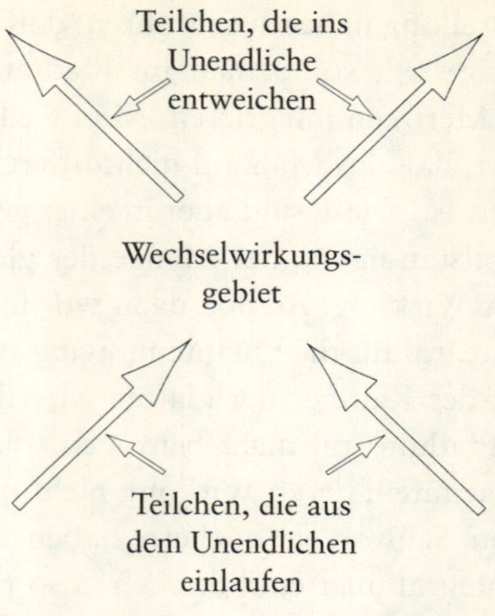

Abb. 5.1: Bei einer Streurechnung benutzen wir Messungen an den einlaufenden und auslaufenden Teilchen im Unendlichen, was uns dazu veranlaßt, asymptotisch euklidische Metriken zu studieren.

Naheliegende Möglichkeiten für das Pfadintegral der Quantengravitation

1. Asymptotisch euklidische Metriken.
2. Kompakte Metriken ohne Rand.

Die erste Klasse von asymptotisch euklidischen Metriken ist offensichtlich für Streurechnungen geeignet (Abb. 5.1). Hier sendet man Teilchen vom Unendlichen ein und beobachtet, was wieder ins Unendliche gelangt. Alle Messungen werden im Unendlichen vorgenommen, wo es eine flache Hintergrundsmetrik gibt und man kleine Fluktuationen in den Feldern auf die gängige Art als Teilchen interpretieren kann.

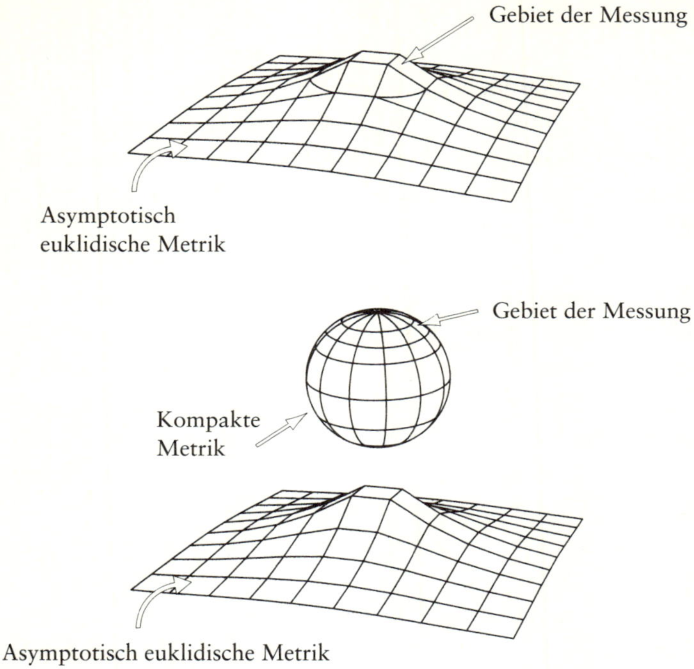

Abb. 5.2: Kosmologische Rechnungen werden in einem endlichen Gebiet vorgenommen, weshalb wir zwei Arten von asymptotisch euklidischen Metriken betrachten müssen: zusammenhängende (*oben*) und unzusammenhängende (*unten*).

Man fragt nicht danach, was in dem Wechselwirkungsgebiet dazwischen vor sich geht. Das ist der Grund, warum man ein Pfadintegral über alle möglichen Geschichten im Wechselwirkungsgebiet auswertet, also ein Pfadintegral über alle asymptotisch euklidischen Metriken.

In der Kosmologie ist man jedoch an Messungen interessiert, die statt im Unendlichen in einem endlichen Gebiet vorgenommen werden. Wir befinden uns im Inneren des Universums und schauen nicht von außen hinein. Um den Unterschied herauszufinden, gehen wir zunächst von der Annahme aus, das Pfadintegral der Kosmologie sei über alle asymptotisch euklidischen Metriken zu nehmen. Es gäbe dann zwei Beiträge zu den Wahrscheinlichkeiten für Messungen in einem endlichen Gebiet. Der erste käme von zusammenhängenden asymptotisch euklidischen Metriken. Der zweite käme von unzusammenhängenden Metriken, die aus einer kompakten Raumzeit, welche das Meßgebiet enthält, sowie aus einer davon getrennten asymptotisch euklidischen Metrik bestehen (Abb. 5.2). Man kann unzusammenhängende Metriken nicht aus dem Pfadintegral ausschließen, da sie durch zusammenhängende Metriken angenähert werden können, bei denen die verschiedenen Komponenten durch dünne Schläuche oder Wurmlöcher von vernachlässigbarer Wirkung verbunden werden.

Unzusammenhängende kompakte Gebiete der Raumzeit haben keinen Einfluß auf die Ergebnisse von Streurechnungen, da sie nicht mit dem Unendlichen, wo alle Messungen stattfinden, verbunden sind. Sie beeinflussen allerdings Messungen in der Kosmologie, die in einem endlichen Gebiet durchgeführt werden. Tatsächlich würden die Beiträge solcher unzusammenhängender Metriken über die Beiträge der zusammenhängenden, asymptotisch euklidischen Metriken dominieren. Selbst wenn man also das Pfadintegral über alle asymptotisch euklidischen Metriken ausführte, wäre das Ergebnis fast das gleiche wie bei der Ausführung über alle kompakten Metriken. Es scheint deshalb naheliegender zu sein, das Pfadintegral in der Kosmologie über alle kompakten Metriken ohne Rand zu definieren. Dies haben Jim Hartle und ich 1983 vorgeschlagen (Hartle und Hawking 1983).

Der Kein-Rand-Vorschlag (Hartle und Hawking)

Das Pfadintegral der Quantengravitation sollte über alle kompakten euklidischen Metriken ausgeführt werden.

Man kann dies mit folgendem Satz ausdrücken: «Die Randbedingung des Universums besteht darin, daß es keinen Rand hat.»

Die mir verbleibende Redezeit will ich darauf verwenden zu zeigen, daß dieser Kein-Rand-Vorschlag es ermöglicht, das von uns bewohnte Universum zu beschreiben – ein expandierendes, isotropes und homogenes Universum mit kleinen Störungen. Wir können das Spektrum und die Statistik dieser Störungen in den Fluktuationen des Mikrowellenhintergrunds beobachten. Bisher stimmen die Beobachtungen mit den Vorhersagen des Kein-Rand-Vorschlages überein. Dies wird sich zu einem wirklichen Test für den Vorschlag und das ganze Programm der euklidischen Quantengravitation ausweiten, sofern die Beobachtungen des Mikrowellenhintergrunds auf kleinere Winkelskalen ausgedehnt werden.

Um den Kein-Rand-Vorschlag für Vorhersagen benutzen zu können, ist es nützlich, einen Begriff einzuführen, der den Zustand des Universums zu einer bestimmten Zeit beschreiben kann. Man betrachte die Wahrscheinlichkeit dafür, daß die Raumzeitmannigfaltigkeit M eine eingebettete dreidimensionale Mannigfaltigkeit Σ mit induzierter Metrik h_{ij} enthält. Sie wird durch ein Pfadintegral über alle Metriken g_{ab} auf M gegeben, die h_{ij} auf Σ induzieren.

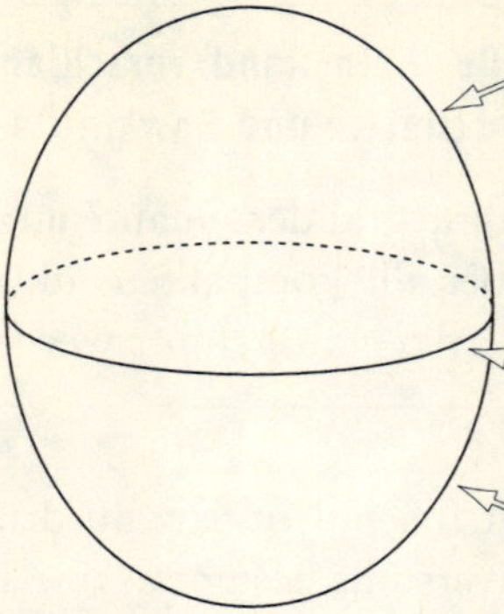

Abb. 5.3: Die Fläche Σ teilt die kompakte, einfach zusammenhängende Mannigfaltigkeit M in zwei Teile, M^+ und M^-.

$$\text{Wahrscheinlichkeit für die induzierte Metrik } h_{ij} \text{ auf } \Sigma = \int_{\substack{\text{Metriken auf } M, \text{ die} \\ h_{ij} \text{ auf } \Sigma \text{ induzieren}}} d[g]\, e^{-I}$$

Falls M, wie ich annehmen möchte, einfach zusammenhängend ist, wird M durch die Fläche Σ in zwei Teile M^+ und M^- zerlegt (Abb. 5.3). In diesem Falle kann die Wahrscheinlichkeit dafür, daß Σ die Metrik h_{ij} besitzt, faktorisiert werden. Sie ist das Produkt zweier Wellenfunktionen Ψ^+ und Ψ^-. Diese sind durch Pfadintegrale über M^+ beziehungsweise M^- gegeben, welche die gegebene Dreiermetrik h_{ij} auf Σ induzieren.

$$\text{Wahrscheinlichkeit für } h_{ij} = \Psi^+(h_{ij}) \times \Psi^-(h_{ij}), \text{ wobei}$$

$$\Psi^+(h_{ij}) = \int_{\substack{\text{Metriken auf } M^+, \text{ die} \\ h_{ij} \text{ auf } \Sigma \text{ induzieren}}} d[g]\, e^{-I}$$

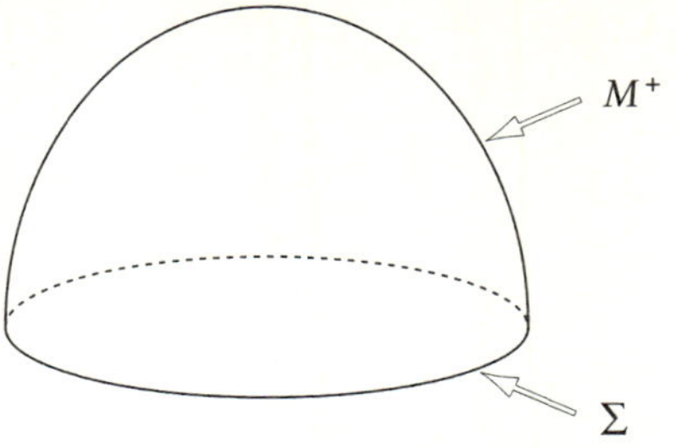

Abb. 5.4: Die Wellenfunktion ist durch ein Pfadintegral über M^+ gegeben.

In den meisten Fällen stimmen beide Wellenfunktionen überein, weshalb ich die Indizes + und – weglassen werde. Man nennt Ψ die Wellenfunktion des Universums. Falls es Materiefelder ϕ gibt, hängt die Wellenfunktion auch von deren Werten ϕ_0 auf Σ ab. Sie ist aber nicht von der Zeit abhängig, da es in einem geschlossenen Universum keine ausgezeichnete Zeitkoordinate gibt. Aus dem Kein-Rand-Vorschlag folgt, daß die Wellenfunktion des Universums durch ein Pfadintegral über Felder auf einer kompakten Mannigfaltigkeit M^+ gegeben ist, deren einziger Rand die Fläche Σ bildet (Abb. 5.4). Das Pfadintegral wird über alle Metriken und Materiefelder auf M^+ ausgeführt, die mit der Metrik h_{ij} und Materiefeldern ϕ_0 auf Σ übereinstimmen.

Man kann die Lage der Fläche Σ durch eine Funktion τ der drei Koordinaten x_i auf Σ beschreiben. Die durch das Pfadintegral definierte Wellenfunktion kann jedoch nicht von τ oder der Wahl der Koordinaten x_i abhängen. Daraus folgt, daß die Wellenfunktion Ψ vier Funktionaldifferentialgleichungen genügen muß. Drei dieser Gleichungen nennt man *Impuls-Zwangsbedingungen*.

Impuls-Zwangsbedingungen

$$\left(\frac{\partial\Psi}{\partial h_{ij}}\right)_{;j} = 0$$

Sie zeigen, daß die Wellenfunktion für verschiedene Dreiermetriken h_{ij}, die durch Transformationen der Koordinaten x_i auseinander hervorgehen, identisch ist. Die vierte Gleichung nennt man die *Wheeler-de-Witt-Gleichung*.

Wheeler-de-Witt-Gleichung

$$\left(G_{ijkl}\frac{\partial^2}{\partial h_{ij}\partial h_{kl}} - h^{\frac{1}{2}}\,{}^3R\right)\Psi = 0$$

Sie entspricht der Unabhängigkeit der Wellenfunktion von τ. Man kann sie sich als Schrödinger-Gleichung für das Universum denken. Es gibt aber keine zeitliche Ableitung, da die Wellenfunktion nicht explizit von der Zeit abhängt.

Um einen approximativen Ausdruck für die Wellenfunktion des Universums zu bekommen, kann man wie bei den Schwarzen Löchern die Sattelpunktsnäherung zum Pfadintegral benutzen. Man findet eine euklidische Metrik g_0 auf der Mannigfaltigkeit M^+, welche den Feldgleichungen genügt und die Metrik h_{ij} auf dem Rand Σ induziert. Man kann dann die Wirkung in eine Potenzreihe um die Hintergrundsmetrik g_0 entwickeln.

$$I[g] = I[g_0] + \frac{1}{2}\delta g I_2 \delta g + \ldots$$

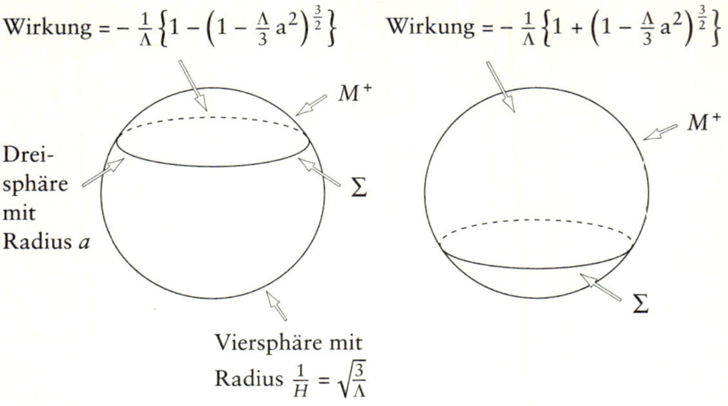

Abb. 5.5: Die beiden möglichen Lösungen M^+ mit Rand Σ und ihre Wirkungen.

Wie zuvor verschwindet der lineare Term in den Störungen. Der quadratische Term kann dahingehend interpretiert werden, daß er den Beitrag der Gravitonen auf dem Hintergrund gibt, während die Terme höherer Ordnung den Wechselwirkungen zwischen den Gravitonen entspricht. Letztere kann man vernachlässigen, wenn der Krümmungsradius im Vergleich zur Planck-Skala groß ist. Deshalb ist

$$\Psi \approx \frac{1}{(\det I_2)^{\frac{1}{2}}} e^{-I[g_0]}$$

Man kann aus einem einfachen Beispiel lernen, wie die Wellenfunktion in etwa aussieht. Betrachten wir eine Situation, wo es keine Materiefelder, aber eine positive kosmologische Konstante Λ gibt. Wir nehmen als Fläche Σ eine Dreisphäre und als Metrik h_{ij} die Metrik auf der runden Dreisphäre mit Radius a. Für die durch Σ begrenzte Mannigfaltigkeit M^+

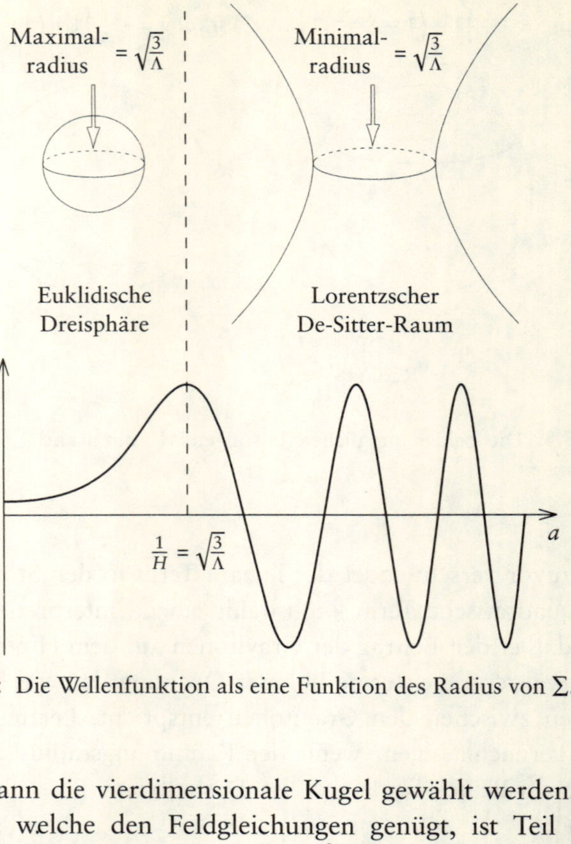

Abb. 5.6: Die Wellenfunktion als eine Funktion des Radius von Σ.

kann dann die vierdimensionale Kugel gewählt werden. Die Metrik, welche den Feldgleichungen genügt, ist Teil einer Viersphäre mit Radius $\frac{1}{H}$, wobei $H^2 = \frac{\Lambda}{3}$. Die Wirkung lautet:

$$I = \frac{1}{16\pi} \int (R - 2\Lambda)(-g)^{\frac{1}{2}} d^4x + \frac{1}{8\pi} \int K(\pm h)^{\frac{1}{2}} d^3x$$

Für eine Dreisphäre Σ mit einem Radius kleiner als $\frac{1}{H}$ gibt es zwei mögliche euklidische Lösungen: Entweder ist M^+ weniger oder mehr als eine Hemisphäre (Abb. 5.5). Es gibt jedoch

Kasten 5.A. Lorentzsche De-Sitter-Metrik

$$ds^2 = -dt^2 + \frac{1}{H^2}\cosh^2 Ht(dr^2 + \sin^2 r(d\theta^2 + \sin^2\theta d\phi^2))$$

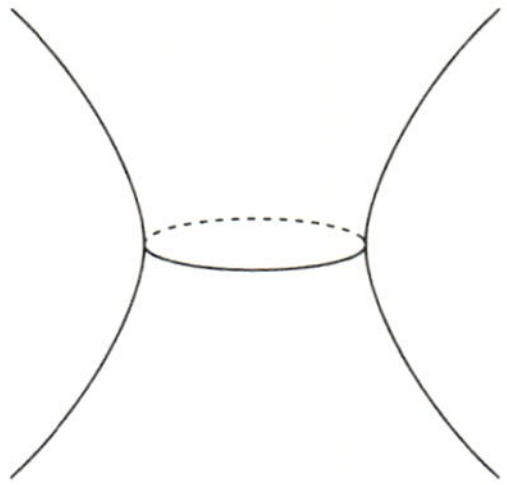

Argumentationen, die darlegen, daß man diejenige Lösung auswählen sollte, die weniger als einer Hemisphäre entspricht.

Die Abbildung 5.6 zeigt den Beitrag zur Wellenfunktion, der von der Wirkung mit Metrik g_0 herrührt. Wenn der Radius von Σ kleiner als $\frac{1}{H}$ ist, wächst die Wellenfunktion exponentiell wie e^{a^2} an. Falls jedoch a größer als $\frac{1}{H}$ ist, kann man das Ergebnis für kleinere a analytisch fortsetzen und erhält eine stark oszillierende Wellenfunktion.

Man kann diese Wellenfunktion folgendermaßen interpretieren. Die Lösung der Einstein-Gleichungen mit einem Λ-Term und maximaler Symmetrie ist für die reelle Zeit der De-Sitter-Raum. Dieser kann als Hyperboloid in einen fünfdimensionalen Minkowski-Raum eingebettet werden (Kasten 5.A). Man kann ihn sich als ein geschlossenes Universum vorstellen, das von unendlicher Größe auf einen Minimalradius zusammenschrumpft und dann wieder exponentiell expandiert. Die Metrik kann in die Form eines Friedmann-Universums mit Skalenfaktor cosh Ht gebracht werden. Setzt man

Kasten 5.B. Euklidische Metrik

$$ds^2 = d\tau^2 + \frac{1}{H^2}\cos^2 H\tau(dr^2 + \sin^2 r(d\theta^2 + \sin^2\theta d\phi^2))$$

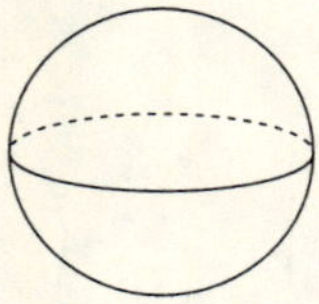

$\tau = it$, so wird aus dem cosh der cos, welcher die euklidische Metrik auf einer Viersphäre mit Radius $\frac{1}{H}$ ergibt (Kasten 5.B). Man bekommt also die Vorstellung, daß eine Wellenfunktion, die exponentiell mit der Dreiermetrik h_{ij} variiert, einer euklidischen Metrik mit imaginärer Zeit entspricht. Andererseits entspricht eine stark oszillierende Wellenfunktion einer Lorentzschen Metrik mit reeller Zeit.

Wie bei der Paarerzeugung von Schwarzen Löchern kann man die spontane Entstehung eines exponentiell expandierenden Universums beschreiben. Man fügt die untere Hälfte der euklidischen Viersphäre an die obere Hälfte des Lorentzschen Hyperboloids (Abb. 5.7). Anders als bei der Paarerzeugung von Schwarzen Löchern kann man beim De-Sitter-Universum nicht mehr sagen, es sei aus Feldenergie in einem vorher existierenden Raum entstanden. Statt dessen kann man im wörtlichen Sinne von der Entstehung aus dem Nichts sprechen: nicht aus dem Vakuum, sondern aus dem absoluten Nichts, da es nichts außerhalb des Universums gibt. Im euklidischen Bereich ist das De-Sitter-Universum nur ein geschlossener Raum, geradeso wie die Oberfläche der Erde, jedoch mit zwei

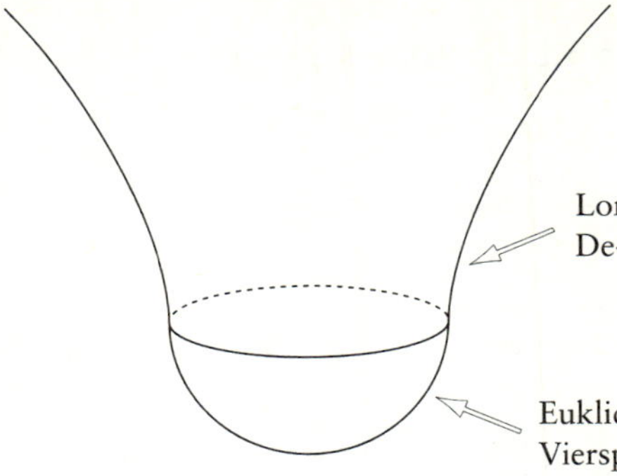

Abb. 5.7: Der zur Entstehung eines Universums führende Tunnelprozeß wird dadurch beschrieben, daß man die halbe euklidische an die halbe Lorentzsche Lösung anfügt.

weiteren Dimensionen. Falls die kosmologische Konstante im Vergleich zur Planck-Skala klein ist, sollte auch die Krümmung der euklidischen Viersphäre klein sein. Daher sollte die Sattelpunktsnäherung für das Pfadintegral brauchbar sein, und die Berechnung der Wellenfunktion des Universums sollte nicht von unserer Unkenntnis über das Geschehen bei sehr hohen Krümmungen abhängen.

Man kann die Feldgleichungen für Metriken auf dem Rand lösen, die nicht exakt gleich der Metrik auf der runden Dreisphäre sind. Wenn der Radius der Dreisphäre kleiner als $\frac{1}{H}$ ist, erhält man eine reelle euklidische Metrik als Lösung. Die Wirkung ist dann reell und die Wellenfunktion im Vergleich zur runden Dreisphäre gleichen Volumens exponentiell gedämpft. Falls der Radius der Dreisphäre größer als dieser kritische Radius ist, gibt es zwei komplex konjugierte Lösungen, und die Wellenfunktion oszilliert stark mit kleinen Änderungen in h_{ij}.

Jede Messung in der Kosmologie kann durch die Wellen-

Kasten 5.C. Statische Form der De-Sitter-Metrik

$$ds^2 = -(1 - H^2r^2)dt^2 + (1 - H^2r^2)^{-1}dr^2 + r^2(d\theta^2 + \sin^2\theta d\phi^2)$$

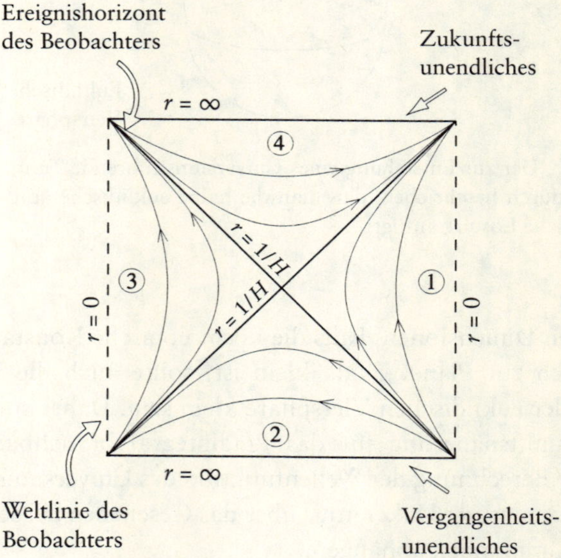

funktion beschrieben werden. Der Kein-Rand-Vorschlag verwandelt die Kosmologie also in eine Wissenschaft, da man das Ergebnis jeder Beobachtung vorhersagen kann. Das Beispiel ohne Materiefelder und nur mit einer kosmologischen Konstanten, das wir eben betrachtet haben, entspricht nicht dem von uns bewohnten Universum. Trotzdem handelt es sich um ein taugliches Beispiel, da es ein einfaches Modell ist, das ziemlich klar gelöst werden kann und das, wie wir noch sehen werden, den Frühstadien des Universums zu entsprechen scheint.

Obwohl man es der Wellenfunktion nicht unmittelbar ansieht, besitzt ein De-Sitter-Raum thermische Eigenschaften wie ein Schwarzes Loch. Das erkennt man, wenn man die De-Sitter-Metrik in einer statischen Form ähnlich der Schwarzschild-Lösung formuliert (Kasten 5.C).

Es gibt eine scheinbare Singularität bei $r = \frac{1}{H}$. Wie bei der Schwarzschild-Lösung kann sie durch eine Koordinatentransformation beseitigt werden; sie entspricht dann einem Ereignishorizont. Das kann man dem Carter-Penrose-Diagramm entnehmen, welches ein Quadrat darstellt. Die gestrichelte senkrechte Linie links stellt den Mittelpunkt der sphärischen Symmetrie dar, wo der Radius r der Zweisphären gegen null geht. Ein weiterer Mittelpunkt der sphärischen Symmetrie wird durch die gestrichelte senkrechte Linie rechts bezeichnet. Die waagrechten Linien oben und unten stellen das Vergangenheits- und Zukunftsunendliche dar, welche in diesem Beispiel raumartig sind. Die diagonale Linie von links oben nach rechts unten ist der Rand der Vergangenheit eines Beobachters im linken Symmetriezentrum. Man kann sie deshalb als seinen Ereignishorizont bezeichnen. Ein Beobachter, dessen Weltlinie anderswo auf das Zukunftsunendliche stößt, hat jedoch einen anderen Ereignishorizont. Ein Ereignishorizont in einem De-Sitter-Raum ist daher eine persönliche Angelegenheit.

Setzt man in der statischen Form der De-Sitter-Metrik $\tau = it$, so erhält man eine euklidische Metrik. Am Horizont gibt es eine scheinbare Singularität. Definiert man eine neue Radialkoordinate und identifiziert τ mit der Periode $\frac{2\pi}{H}$, so erhält man jedoch eine euklidische Metrik, welche genau die Viersphäre darstellt. Da die imaginäre Zeitkoordinate periodisch ist, verhalten sich De-Sitter-Raum und alle Quantenfelder so, als gebe es eine Temperatur $\frac{H}{2\pi}$. Wie wir noch sehen werden, kann man die Konsequenzen dieser Temperatur in den Fluktuationen des Mikrowellenhintergrundes beobachten. Es lassen sich auch ähnliche Argumentationen wie im Falle von Schwarzen Löchern auf die Wirkung der euklidischen De-Sitter-Lösung anwenden. Man erkennt dann, daß sie eine intrinsische Entropie von $\frac{\pi}{H^2}$ hat, was einem Viertel der Oberfläche des Ereignishorizonts entspricht. Diese Entropie taucht wiederum aus topologischen Gründen auf: Die Euler-Zahl der Viersphäre beträgt zwei. Dies bedeutet, daß es auf dem euklidischen De-Sitter-Raum keine globale Zeitkoordinate geben kann. Diese kosmologische Entropie kann dahingehend interpretiert werden, daß sie das Unwissen eines Beobachters über den Teil des Universums, der sich jenseits des Ereignishorizonts befindet, zum Ausdruck bringt.

$$\text{Periodische euklidische Metrik mit Periode } \frac{2\pi}{H}$$

$$\Rightarrow \begin{cases} \text{Temperatur} = \dfrac{H}{2\pi} \\ \text{Oberfläche des Ereignishorizonts} = \dfrac{4\pi}{H^2} \\ \text{Entropie} = \dfrac{\pi}{H^2} \end{cases}$$

Der De-Sitter-Raum ist kein gutes Modell für unser Universum, da er leer ist und exponentiell expandiert. Wir beobachten, daß das Universum Materie enthält, und schließen aus dem Mikrowellenhintergrund und der Häufigkeit der leichten Elemente, daß es in der Vergangenheit viel heißer und dichter

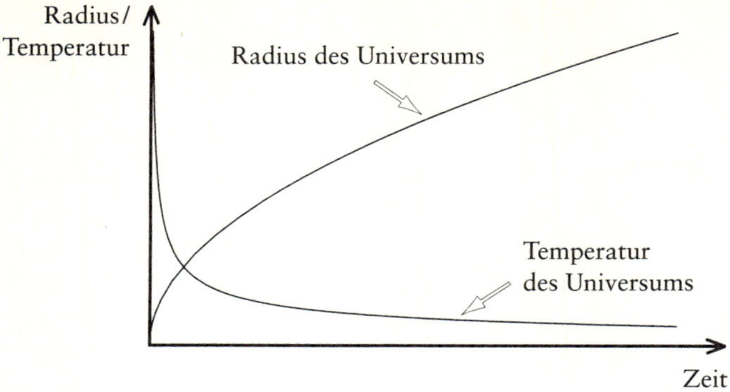

Abb. 5.8: Radius und Temperatur des Universums als eine Funktion der Zeit im Modell vom heißen Urknall.

gewesen sein muß. Das einfachste Szenario, das mit unseren Beobachtungen konsistent ist, nennt man das Modell vom «heißen Urknall» (Abb. 5.8). In diesem Modell beginnt das Universum bei einer Singularität, die mit Strahlung bei unendlich großer Temperatur gefüllt ist. Während es expandiert, kühlt sich die Strahlung ab, und seine Energiedichte sinkt. Schließlich wird die Strahlungsdichte kleiner als die Dichte der nichtrelativistischen Materie, und die Expansion wird materiedominiert. Wir können jedoch noch immer das Überbleibsel der Strahlung in einem Hintergrund von Mikrowellenstrahlung bei einer Temperatur von etwa drei Kelvin über dem absoluten Nullpunkt beobachten.

Das Problem des Modells vom heißen Urknall ist das Problem aller kosmologischen Modelle ohne Theorie der Anfangsbedingungen: Es besitzt keine Vorhersagekraft. Da die Allgemeine Relativitätstheorie bei einer Singularität zusammenbricht, kann alles mögliche aus dem Urknall auftauchen.

Warum also ist das Universum so homogen und isotrop auf großen Skalen und hat dennoch lokale Irregularitäten wie Galaxien und Sterne? Und warum liegt das Universum so nahe an der Trennungslinie zwischen Rekollabieren und ewiger Expansion? Um ihr so nahe zu sein wie jetzt, muß die Expansionsrate in der Frühzeit des Universums extrem genau eingestellt worden sein. Wäre sie eine Sekunde nach dem Urknall um einen Teil von 10^{10} kleiner gewesen, hätte das Universum bereits ein paar Millionen Jahre später wieder zu kollabieren begonnen. Wäre die Rate um einen Teil von 10^{10} größer gewesen, wäre das Universum einige Millionen Jahre später im wesentlichen leer gewesen. In keinem Fall hätte die Zeitspanne ausgereicht, um Leben entstehen zu lassen. Man muß deshalb entweder auf das anthropische Prinzip verweisen oder eine physikalische Erklärung dafür finden, warum das Universum so ist, wie es ist.

> Das Modell vom heißen Urknall erklärt nicht, warum
> 1. das Universum nahezu homogen und isotrop ist, aber kleine Störungen aufweist;
> 2. das Universum mit fast genau der kritischen Dichte expandiert, die nötig ist, um nicht zu rekollabieren.

Einige Leute meinen, daß die sogenannte *Inflation* eine Theorie der Anfangsbedingungen überflüssig macht. Dieser Vorstellung zufolge mag das Universum beim Urknall in praktisch jedem beliebigen Zustand gewesen sein. In den Gebieten des Universums, in denen die Bedingungen dafür günstig waren, gab es eine Periode exponentieller Expansion, die man als Inflation bezeichnet. Sie würde die Größe eines Gebiets um den enormen Faktor von 10^{30} oder mehr ansteigen und es auch homogen und isotrop werden lassen, wie auch für eine Expansion mit genau der kritischen Rate sorgen, die nötig ist, um einen Kollaps zu vermeiden. Daraus erwächst die Behauptung, Leben könne sich nur in Bereichen entwickeln, die eine Inflation hinter sich haben. Wir sollten deshalb nicht überrascht sein, daß unser Gebiet homogen und isotrop ist und mit genau der kritischen Rate expandiert.

Die Inflation allein kann jedoch den gegenwärtigen Zustand des Universums nicht erklären. Dies wird offenkundig, wenn man irgendeinen möglichen Zustand für das heutige Universum betrachtet und ihn sich in der Zeit zurückentwickeln läßt. Vorausgesetzt, er enthält genügend Materie, so werden die Singularitätentheoreme dafür sorgen, daß es eine Singularität in der Vergangenheit gegeben haben muß. Man kann dann die Anfangsbedingungen des Universums beim Urknall so wählen, daß sie mit den Anfangsbedingungen dieses Modells übereinstimmen. Auf diese Weise kann gezeigt werden, daß beliebige Anfangsbedingungen beim Urknall zu jedem beliebigen Zustand heute führen können. Man kann nicht einmal behaupten, daß die meisten Anfangszustände zu einem Zustand führen, wie wir ihn heute beobachten: Das natürliche Maß sowohl für die Anfangsbedingungen, die zu einem Universum wie dem unsrigen führen, als auch für solche, die das nicht tun, beträgt unendlich. Man kann deshalb nicht schließen, daß das eine größer als das andere sei.

Andererseits sahen wir im Falle der Gravitation mit kosmologischer Konstante, aber ohne Materiefelder, daß die Kein-Rand-Bedingung zu einem Universum führen kann, das innerhalb der durch die Quantentheorie gesetzten Grenzen

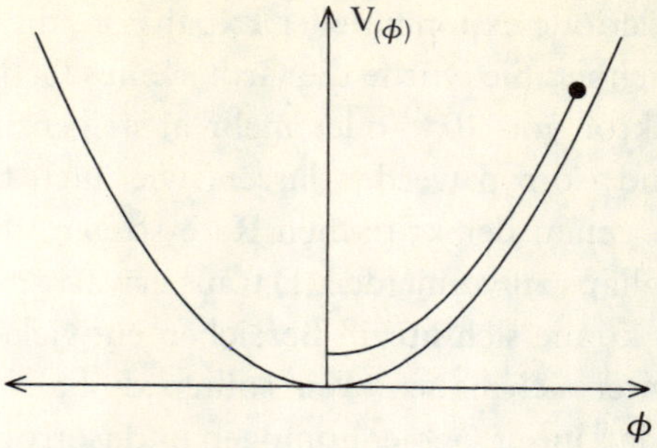

Abb. 5.9: Das Potential für ein massives Skalarfeld.

vorhersagbar ist. Dieses bestimmte Modell beschreibt nicht unser Universum, das voller Materie ist und eine verschwindende oder sehr kleine kosmologische Konstante aufweist. Man kann jedoch ein realistischeres Modell bekommen, wenn man die kosmologische Konstante wegläßt und Materiefelder einbaut. Insbesondere scheint ein skalares Feld ϕ mit einem Potential $V(\phi)$ unerläßlich zu sein. Ich werde annehmen, daß V einen Minimalwert gleich null bei $\phi = 0$ besitzt. Ein einfaches Beispiel wäre ein massives skalares Feld mit $V = \frac{1}{2}m^2\phi^2$ (Abb. 5.9).

Energie-Impuls-Tensor eines Skalarfeldes

$$T_{ab} = \phi_{,a}\phi_{,b} - \frac{1}{2}g_{ab}\phi_{,c}\phi^{,c} - g_{ab}V(\phi)$$

Man erkennt aus der Form des Energie-Impuls-Tensors, daß $V(\phi)$ wie eine effektive kosmologische Konstante wirkt, falls der Gradient von ϕ klein ist.

Die Wellenfunktion hängt nun sowohl vom Wert ϕ_0 von ϕ

auf Σ ab als auch von der induzierten Metrik h_{ij}. Die Feldgleichungen für Metriken auf der kleinen runden Dreisphäre und für große Werte von ϕ_0 können gelöst werden. Die Lösung mit diesem Rand ist ungefähr Teil einer Viersphäre und einem annähernd konstanten ϕ-Feld. Es verhält sich wie im Falle des De-Sitter-Modells, wobei das Potential $V(\phi_0)$ die Rolle der kosmologischen Konstante spielt. Falls der Radius a der Dreisphäre ein wenig größer als der Radius der euklidischen Viersphäre ist, gibt es zwei konjugiert komplexe Lösungen. Diese ähneln der halben euklidischen Viersphäre, die man an eine Lorentz-de-Sitter-Lösung mit annähernd konstantem ϕ fügt. Der Kein-Rand-Vorschlag sagt also sowohl in diesem als auch im De-Sitter-Modell die spontane Entstehung eines exponentiell expandierenden Universums voraus.

Man kann nun die Entwicklung dieses Modells studieren. Anders als im De-Sitter-Fall beschreibt es keine unendlich lange exponentielle Entwicklung. Das Skalarfeld wird den Berg des Potentials V hinunterrollen und sich auf das Minimum bei $\phi = 0$ zubewegen. Falls jedoch der Anfangswert von ϕ größer als der Planck-Wert ist, wird die Geschwindigkeit des Hinunterrollens im Vergleich zur Zeitskala der Expansion klein sein. Das Universum wird deshalb annähernd exponentiell mit einem großen Faktor expandieren. Wenn das Skalarfeld von der Größenordnung eins ist, beginnt es um $\phi = 0$ herum zu oszillieren. Für die meisten Potentiale V werden die Oszillationen im Vergleich zur Expansionszeit sehr schnell sein. Normalerweise nimmt man an, daß sich die Energie in diesen Oszillationen des Skalarfeldes in andere Teilchenpaare verwandelt und das Universum aufheizt. Das hängt allerdings von einer Annahme über den Zeitpfeil ab, auf die ich in Kürze zu sprechen komme.

Nach der mit einem großen Faktor erfolgten exponentiellen

Expansion würde das Universum mit annähernd der kritischen Rate expandieren. Der Kein-Rand-Vorschlag kann daher erklären, warum das Universum noch immer so nahe an der kritischen Expansionsrate liegt. Um zu verstehen, was er für die Homogenität und Isotropie des Universums vorhersagt, muß man Dreiermetriken h_{ij} betrachten, die Störungen der Metrik auf der runden Dreisphäre sind. Man kann diese nach sphärischen Harmonischen entwickeln, von denen es drei Arten gibt: skalare Harmonische, Vektorharmonische und Tensorharmonische. Die Vektorharmonischen entsprechen Änderungen der Koordinaten x_i auf aufeinanderfolgenden Dreisphären und spielen keine dynamische Rolle. Die Tensorharmonischen entsprechen Gravitationswellen im expandierenden Universum, während die skalaren Harmonischen zum Teil der Koordinatenfreiheit und zum Teil Dichtestörungen entsprechen.

Tensorharmonische – Gravitationswellen Vektorharmonische – Eichung Skalare Harmonische – Dichtestörungen

Man kann die Wellenfunktion Ψ als Produkt einer Wellenfunktion Ψ_0 für die Metrik auf einer runden Dreisphäre mit Radius a mit Wellenfunktionen für die Koeffizienten der Harmonischen schreiben:

$$\Psi[h_{ij}, \phi_0] = \Psi_0(a, \bar{\phi})\Psi_a(a_n)\Psi_b(b_n)\Psi_c(c_n)\Psi_d(d_n)$$

Die Wheeler-de-Witt-Gleichung für die Wellenfunktion kann dann in allen Ordnungen des Radius a und des mittleren Skalarfeldes $\bar{\phi}$, jedoch in erster Ordnung in den Störungen, entwickelt werden. Man erhält eine Reihe von Schrödinger-Gleichungen für die Änderungsrate der Wellenfunktionen der Störungen bezüglich der Zeitkoordinate der Hintergrundsmetrik.

Schrödinger-Gleichungen

$$i\frac{\partial\Psi(d_n)}{\partial t} = \frac{1}{2a^3}\left(-\frac{\partial^2}{\partial d_n^2} + n^2 d_n^2 a^4\right)\Psi(d_n), \text{ etc.}$$

Der Kein-Rand-Vorschlag kann jetzt genutzt werden, um Anfangsbedingungen für die Wellenfunktionen der Störungen zu erhalten. Man löst die Feldgleichungen für eine kleine, aber leicht verzerrte Dreisphäre, was wiederum die Wellenfunktionen für die Störungen in der Phase des exponentiellen Expandierens liefert. Deren weitere Entwicklung ergibt sich dann aufgrund der Schrödinger-Gleichung.

Die Behandlung der Tensorharmonischen, welche Gravitationswellen entsprechen, ist am einfachsten. Sie besitzen keine Eichfreiheitsgrade und gehen keine direkte Wechselwirkung mit den Materiestörungen ein. Man kann den Kein-Rand-Vorschlag benutzen, um die Anfangswellenfunktion für die Koeffizienten d_n der Tensorharmonischen in der gestörten Metrik zu berechnen.

Grundzustand

$$\Psi(d_n) \propto e^{-\frac{1}{2}na^2d_n^2} = e^{-\frac{1}{2}wx^2},$$

$$\text{wobei } x = a^{\frac{3}{2}}d_n \text{ und } w = \frac{n}{a}$$

Es ergibt sich die Grundzustandswellenfunktion eines harmonischen Oszillators bei der Frequenz der Gravitationswellen. Diese Frequenz nimmt während der Expansion des Universums ab. Solange die Frequenz größer als die Expansionsrate $\dot{a}/a$ ist, kann sich die Wellenfunktion aufgrund der Schrödinger-Gleichung dieser Expansion adiabatisch anpassen, und die Mode verbleibt im Grundzustand. Schließlich wird jedoch die Frequenz kleiner als die Expansionsrate, die während der exponentiellen Expansion beinahe konstant bleibt. Wenn das passiert, kann sich die Wellenfunktion aufgrund der Schrödinger-Gleichung nicht mehr schnell genug ändern, um im Grundzustand verbleiben zu können, derweil sich die Frequenz ändert. Sie wird statt dessen in der Form einfrieren, die sie hatte, als die Frequenz die Expansionsrate unterschritt.

Nach dem Ende der Phase exponentieller Expansion nimmt die Expansionsrate schneller ab als die Frequenz der Mode, was der Aussage äquivalent ist, daß der Ereignishorizont eines Beobachters, dem Reziproken der Expansionsrate, schneller als die Wellenlänge der Mode wächst. Die Wellenlänge wird deshalb während der Inflationsperiode größer als der Horizont und kommt später wieder in das Innere des Horizonts (Abb. 5.10), wobei die Wellenfunktion noch gleich der eingefrorenen Wellenfunktion ist. Die Frequenz ist jedoch viel kleiner. Die Wellenfunktion entspricht daher einem hochgradig angeregten Zustand und nicht mehr dem Grundzustand zum Zeitpunkt des Einfrierens. Diese Quantenanregungen der Moden von Gravitationswellen erzeugen Winkelfluktuationen im Mikrowellenhintergrund, deren Amplitude gleich der Expansionsrate (in Planck-Einheiten) zum Zeitpunkt des Einfrierens der Wellenfunktion ist. Die COBE-Beobachtungen von Fluktuationen der Größenordnung 10^{-5} im Mikrowellenhintergrund legen deshalb eine obere Schranke von etwa 10^{-10} in

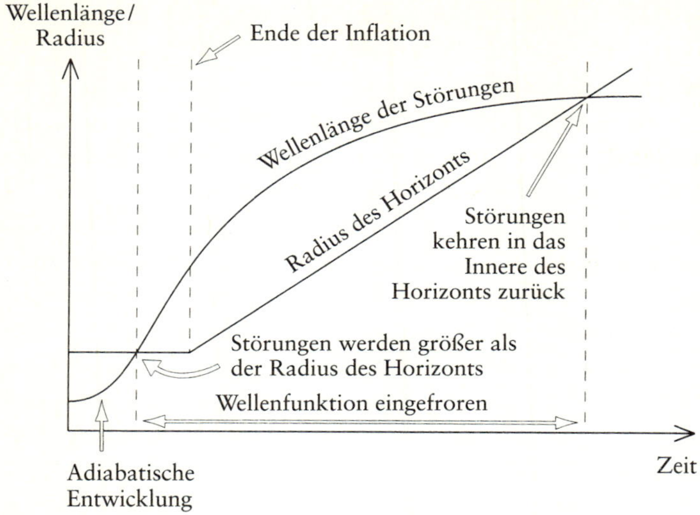

Abb. 5.10: Wellenlänge und Horizontradius als Funktion der Zeit während der Inflation.

Planck-Einheiten für die Energiedichte zur Zeit des Einfrierens der Wellenfunktion fest. Das dürfte klein genug sein, damit die von mir gewählten Näherungen erfüllt sind.

Die Tensorharmonischen der Gravitationswellen geben jedoch nur eine obere Schranke an die Dichte zum Zeitpunkt des Einfrierens. Es ergibt sich nämlich, daß die skalaren Harmonischen einen größeren Beitrag zu den Fluktuationen des Mikrowellenhintergrundes liefern. Es gibt zwei Freiheitsgrade der skalaren Harmonischen in der Dreiermetrik h_{ij} und einen im Skalarfeld. Zwei dieser skalaren Freiheitsgrade entsprechen jedoch der Freiheit in der Wahl der Koordinaten. Es gibt also nur einen physikalischen skalaren Freiheitsgrad, welcher dann den Dichtestörungen entspricht.

Die skalaren Störungen lassen sich ähnlich wie die Tensorharmonischen behandeln, wenn man eine Koordinatenwahl für die Periode bis zum Einfrieren der Wellenfunktion trifft und eine andere Wahl für den Zeitpunkt danach. Rechnet man ein Koordinatensystem in das andere um, werden die Amplituden mit einem Faktor multipliziert, der gleich der Expansionsrate dividiert durch die mittlere Änderungsrate von ϕ ist. Dieser Faktor hängt von der Steigung des Potentials ab, wird aber für vernünftige Potentiale mindestens zehn betragen. Dies bedeutet, daß die von den Dichtestörungen verursachten Fluktuationen im Mikrowellenhintergrund mindestens zehnmal höher als der entsprechende Beitrag der Gravitationswellen sind. Die obere Schranke der Energiedichte zum Zeitpunkt des Einfrierens der Wellenfunktion betrüge damit nur 10^{-12} der Planck-Dichte. Das liegt sehr gut im Rahmen der Gültigkeit der von mir benutzten Näherungen. Es scheint so, als benötigten wir selbst für den Anfang des Universums die Stringtheorie nicht.

Das Spektrum der Fluktuationen bezüglich der Winkelskala stimmt innerhalb der Genauigkeit der bisherigen Beobachtungen mit der Vorhersage überein, daß es annähernd skalenfrei sein sollte. Zudem entspricht die Größe der Dichtestörungen genau den Voraussetzungen, um die Bildung von Galaxien und Sternen zu erklären. Es scheint also, als ob der Kein-Rand-Vorschlag all die Struktur im Universum erklären kann, einschließlich kleiner Inhomogenitäten, wie wir es sind.

COBE-Vorhersagen plus Gravitationswellenstörungen	$\Rightarrow$	obere Schranke der Energiedichte von 10^{-10} mal der Planck-Dichte
plus Dichtestörungen	$\Rightarrow$	obere Schranke der Energiedichte von 10^{-12} mal der Planck-Dichte
intrinsische gravitative Temperatur des frühen Universums	$\approx$	10^{-6} mal der Planck-Temperatur $= 10^{26}$ Grad

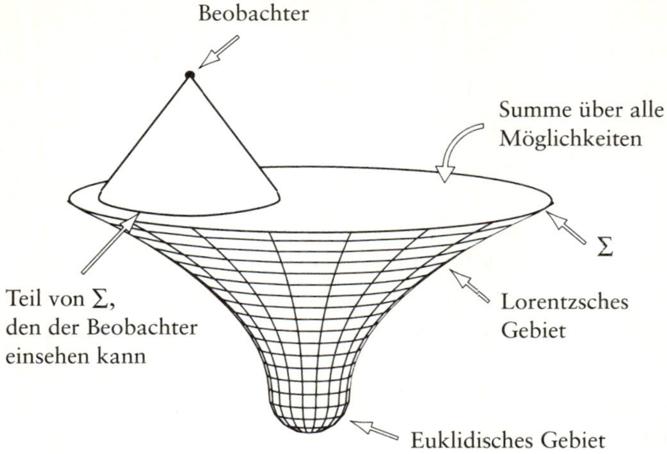

Abb. 5.11: Ein Beobachter kann nur einen Teil einer Fläche Σ sehen.

Man kann sich die Störungen im Mikrowellenhintergrund so vorstellen, als hätten sie ihren Ursprung in thermischen Fluktuationen des Skalarfeldes ϕ. Die inflationäre Phase besitzt eine Temperatur, die gleich der Expansionsrate geteilt durch 2π ist, da sie näherungsweise periodisch in der imaginären Zeit ist. In gewissem Sinne brauchen wir also kein kleines primordiales Schwarzes Loch zu finden: Wir haben bereits eine intrinsische gravitative Temperatur von etwa 10^{26} Grad beobachtet, das entspricht 10^{-6} mal der Planck-Temperatur.

Wie verhält es sich nun mit der intrinsischen Entropie, die mit dem kosmologischen Ereignishorizont verknüpft ist? Können wir sie beobachten? Ich meine, ja, und ich meine auch, daß ihre Existenz mit der Tatsache zusammenhängt, daß es sich bei Objekten wie Galaxien und Sterne um klassische Objekte handelt, obwohl sie aus Quantenfluktuationen entstanden sind. Wenn man das Universum von der Warte einer raumartigen Fläche Σ aus betrachtet, die das gesamte Universum zu einer bestimmten Zeit umfaßt, so befindet es sich in einem einzigen Quantenzustand, der durch die Wellenfunktion Ψ beschrieben wird. Wir können jedoch niemals mehr als die Hälfte von Σ beobachten und wissen überhaupt nichts über das Universum jenseits unseres Vergangenheitslichtkegels. Das bedeutet, daß wir für den unbeobachtbaren Teil von Σ über alle Möglichkeiten summieren müssen, um die Wahrscheinlichkeit für bestimmte Beobachtungen berechnen zu können (Abb. 5.11). Diese Aufsummierung hat zur Folge, daß der beobachtete Teil des Universums sich statt in einem einzigen Quantenzustand in einem sogenannten *gemischten Zustand* befindet, einem statistischen Ensemble verschiedener Möglichkeiten. Diese sogenannte Dekohärenz ist notwendig, wenn sich ein System klassisch verhalten soll, anstatt Quanteneigenschaften zu offenbaren. Normalerweise wird Dekohärenz dadurch begründet, daß es Wechselwirkungen mit einem äußeren System, beispielsweise einem Wärmebad, gibt, das keiner Messung unterzogen wird. Im Falle des Universums gibt es kein äußeres System, doch möchte ich den Gedanken vorschlagen, das beobachtete klassische Verhalten rühre daher, daß wir nur einen Teil des Universums beobachten können. Man mag sich vorstellen, man könnte in ferner Zukunft das gesamte Universum sehen und der Ereignishorizont würde dann verschwinden. Das ist aber nicht der Fall. Aus dem Kein-Rand-Vorschlag folgt, daß das Universum räumlich geschlossen ist. Ein geschlossenes Universum wird wieder kollabieren, bevor ein Beobachter in der Lage ist, das gesamte Universum zu überblicken. Ich habe versucht zu zeigen, daß die Entropie eines solchen Universums ein Viertel der Oberfläche des Ereignishorizonts zum

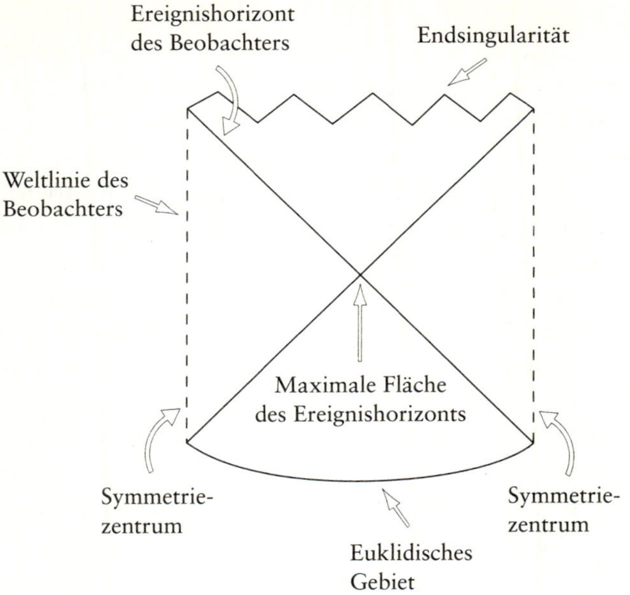

Abb. 5.12: Das Universum kollabiert zu einer endgültigen Singularität, ehe der Beobachter das gesamte Universum überblicken kann.

Zeitpunkt maximaler Expansion beträgt (Abb. 5.12). Zur Zeit erhalte ich jedoch statt $\frac{1}{4}$ einen Faktor von $\frac{3}{16}$. Entweder liege ich falsch mit meinen Annahmen, oder ich übersehe etwas.

Ich werde diese Vorlesung mit einem Thema abschließen, zu dem Roger und ich unterschiedliche Meinungen haben – dem Zeitpfeil. In unserem Bereich des Universums gibt es eine klare Unterscheidung zwischen der Vorwärts- und der Rückwärtsrichtung der Zeit. Man muß sich nur einen rückwärts laufenden Film anschauen, um den Unterschied zu erkennen.

Die Tassen fallen nicht mehr vom Tisch hinunter und zerbrechen, sondern sie fügen sich aus den Scherben zusammen und springen wieder auf den Tisch. Wenn es nur im wirklichen Leben auch so wäre.

Die lokalen Gesetze, welchen die physikalischen Felder genügen, sind zeitsymmetrisch, genauer gesagt CPT-invariant. Der beobachtete Unterschied zwischen Vergangenheit und Zukunft muß also von den Randbedingungen des Universums herrühren. Nehmen wir an, das Universum sei räumlich geschlossen, expandiere zu einer maximalen Größe und kollabiere dann wieder. Wie Roger betont hat, sieht das Universum an den beiden Enden dieser Geschichte sehr unterschiedlich aus. Was wir als Anfang des Universums bezeichnen, scheint ein sehr glatter und regulärer Zustand gewesen zu sein. Wenn es jedoch wieder kollabiert, erwarten wir, daß es sehr ungeordnet und irregulär wird. Da es weitaus mehr ungeordnete als geordnete Konfigurationen gibt, bedeutet dies, daß die Anfangsbedingungen unglaublich genau hätten ausgewählt werden müssen.

Es scheint sich daher so zu verhalten, daß an den beiden Enden der Zeit verschiedene Randbedingungen vorliegen müssen. Rogers Vorschlag sieht vor, daß der Weyl-Tensor an einem Ende verschwindet, jedoch nicht an dem anderen. Der Weyl-Tensor ist der Teil der raumzeitlichen Krümmung, der nicht über die Einstein-Gleichungen lokal durch die Materie bestimmt wird. Er wäre in den glatten geordneten Phasen des frühen Universums klein, im kollabierenden Universum aber groß gewesen. Dieser Vorschlag würde die beiden Enden der Zeit also voneinander unterscheiden und könnte so den Zeitpfeil erklären (Abb. 5.13).

Meiner Meinung nach ist Rogers Vorschlag in mehr als einem Sinne von der Weylschen Art. Zunächst einmal ist er

Abb. 5.13: Die Weyl-Tensor-Hypothese zur Unterscheidung der beiden Enden des Universums.

nicht CPT-invariant. Roger betrachtet dies als Vorteil, doch meine ich, daß man Symmetrien nicht aufgeben soll, bevor man überzeugende Gründe dafür hat. Wie ich ausführen werde, ist es nicht notwendig, CPT aufzugeben. Hinzu kommt, daß für einen Weyl-Tensor, der im frühen Universum exakt gleich null war, das Universum exakt homogen und isotrop gewesen sein muß und für alle Zeiten auch bleibt. Rogers Weyl-Hypothese könnte weder die Fluktuationen im Hintergrund noch die Störungen erklären, die zu Galaxien und Körpern, wie wir es sind, führen.

Einwände gegen die Weyl-Tensor-Hypothese

1. Sie ist nicht CPT-invariant.
2. Der Weyl-Tensor kann nicht exakt null gewesen sein. Sie erklärt kleine Fluktuationen nicht.

Dessenungeachtet meine ich, daß Roger auf einen wichtigen Unterschied zwischen den beiden Enden der Zeit hingewiesen hat. Die Tatsache, daß der Weyl-Tensor an einem Ende klein ist, sollte jedoch nicht als eine Ad-hoc-Randbedingung aufgezwungen, sondern aus einem fundamentaleren Prinzip wie dem Kein-Rand-Vorschlag abgeleitet werden. Wie wir sahen, folgt daraus, daß Störungen um die an die halbe Lorentz-de-Sitter-Lösung angefügte halbe euklidische Vierspähre herum in ihrem Grundzustand sind. Das heißt, sie sind so klein, wie sie nur sein können, um noch mit der Unschärferelation verträglich zu sein. Daraus würde dann Rogers Weyl-Tensor-Bedingung folgen: Der Weyl-Tensor wäre nicht exakt gleich null, aber so nahe an null wie nur möglich.

Zunächst nahm ich an, daß sich diese Argumente über die Störungen im Grundzustand an beiden Enden des Zyklus von Expansion und Kontraktion anwenden lassen. Das Universum würde dann glatt und geordnet beginnen und während der Expansionsphase immer ungeordneter und irregulärer werden. Ich dachte jedoch, es müßte zu einem glatten und geordneten Zustand zurückkehren, wenn es wieder kleiner würde. Das hätte bedeutet, daß der thermodynamische Zeitpfeil sich in der Kontraktionsphase umkehren müßte. Tassen würden sich von selbst wieder zusammenfügen und auf den Tisch springen. Die Leute würden nicht altern, sondern jünger werden, während das Universum wieder schrumpfte. Es ist nicht empfehlenswert, auf den Kollaps des Universums zu warten, um in die Jugend zurückzukehren, da es zu lange dauern würde. Falls sich aber der Zeitpfeil umkehrt, wenn das Universum kontrahiert, könnte er sich auch im Innern Schwarzer Löcher umkehren. Ich halte es jedoch nicht für ratsam, sich in ein Schwarzes Loch zu stürzen, um sein Leben zu verlängern.

Ich schrieb eine Arbeit, in der ich behauptete, der Zeitpfeil kehre sich um, wenn das Universum rekollabiere. Danach überzeugten mich aber Diskussionen mit Don Page und Raymond Laflamme, daß ich meinen größten Fehler, zumindest meinen größten Fehler in der Physik begangen hatte: Das Universum würde während des Kollaps nicht in einen glatten Zustand zurückkehren. Dies würde bedeuten, daß sich der Zeitpfeil nicht umkehrte. Er würde weiter in die gleiche Richtung deuten wie während der Expansion.

Wie können die beiden Enden der Zeit verschieden sein? Warum sollten Störungen an einem Ende klein sein, am anderen dagegen nicht? Der Grund liegt darin, daß es zwei mögliche komplexe Lösungen der Feldgleichungen gibt, die an den kleinen Dreisphärenrand passen. Eine habe ich bereits beschrieben: Sie ist näherungsweise durch die halbe euklidische Viersphäre gegeben, die man einem kleinen Teil der Lorentz-de-Sitter-Lösung anfügt (Abb. 5.14). Die andere mögliche Lösung besitzt die gleiche halbe euklidische Viersphäre, welche man an eine Lorentzsche Lösung fügt, die bis zu einem großen Radius expandiert und dann wieder auf den kleinen Radius des gegebenen Randes kontrahiert (Abb. 5.15). Offensichtlich entspricht eine Lösung dem einen Ende der Zeit und die andere dem anderen Ende. Der Unterschied zwischen den beiden Enden rührt daher, daß Störungen in der Dreiermetrik h_{ij} im

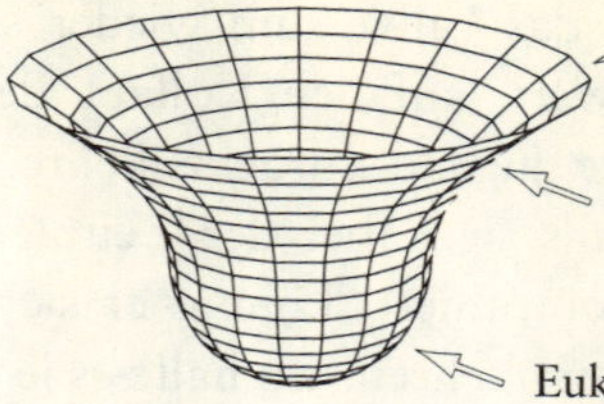

Abb. 5.14: Eine halbe euklidische Viersphäre, die man an ein kleines Lorentzsches Gebiet fügt.

Falle der ersten Lösung mit nur einer kurzen Lorentzschen Periode stark gedämpft werden. Die Störungen können jedoch für die Lösung, welche expandiert und wieder kontrahiert, sehr groß sein, ohne wesentlich gedämpft zu werden. Das führt zu dem Unterschied zwischen den beiden Enden der Zeit, auf den Roger hingewiesen hat. An einem Ende war das Universum sehr glatt und der Weyl-Tensor sehr klein. Er kann jedoch nicht exakt gleich null gewesen sein, da dies eine Verletzung der Unschärferelation darstellen würde. Statt dessen gab es kleine Fluktuationen, die später zu Galaxien und Körpern, wie wir es sind, anwuchsen. Im Unterschied dazu wäre das Universum am anderen Ende der Zeit sehr unregelmäßig und chaotisch und besäße einen Weyl-Tensor, der typischerweise sehr groß wäre. Dies würde den beobachteten Zeitpfeil erklären sowie die Tatsache, warum Tassen vom Tisch fallen und zerbrechen, anstatt sich zusammenzufügen und hochzuspringen.

Da sich der Zeitpfeil nicht umkehrt und ich bereits überzogen habe, komme ich jetzt besser zum Ende. Ich habe hervorgehoben, welche beiden Tatsachen ich bei meinen Forschungen über Raum und Zeit als die wichtigsten erkannt

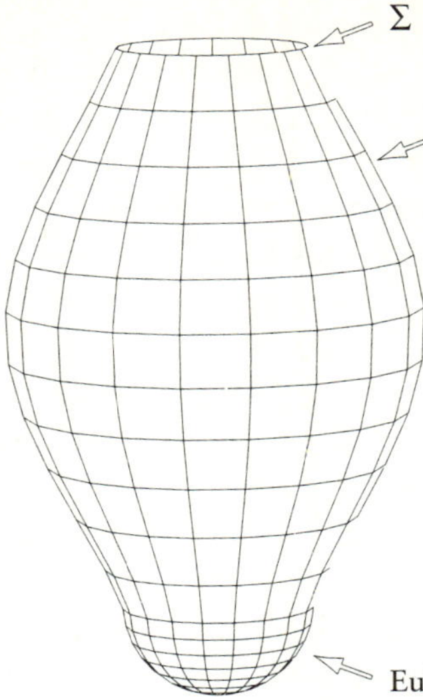

Abb. 5.15: Eine halbe euklidische Viersphäre, die man an ein Lorentzsches Gebiet fügt, welches bis zu einem Maximalradius expandiert und dann wieder schrumpft.

habe: (1) Die Gravitation krümmt die Raumzeit derart, daß sie einen Anfang und ein Ende besitzt. (2) Es gibt einen tiefliegenden Zusammenhang zwischen Gravitation und Thermodynamik, der daher rührt, daß die Gravitation selbst die Topologie der Mannigfaltigkeit bestimmt, auf der sie wirkt.

Die positive Krümmung der Raumzeit verursacht Singularitäten, an denen die klassische Allgemeine Relativitätstheorie zusammenbricht. Die kosmische Zensur mag uns vor nackten Singularitäten abschirmen, doch den Urknall sehen wir in seiner ganzen Blöße. Man kann aufgrund der klassischen Allgemeinen Relativitätstheorie nicht vorhersagen, wie das Universum seinen Anfang nimmt. Die quantisierte Allgemeine Relativitätstheorie sagt zusammen mit dem Kein-Rand-Vorschlag ein Universum wie das von uns beobachtete voraus und scheint ebenso das beobachtete Spektrum der Fluktuationen im Mikrowellenhintergrund vorherzusagen. Obwohl aber die Quantentheorie die der klassischen Theorie abhanden gekommene Vorhersagbarkeit wiederherstellt, tut sie das nicht vollständig. Da wir wegen des Vorhandenseins von Schwarzen Löchern und kosmischen Ereignishorizonten nicht die gesamte Raumzeit sehen können, werden unsere Beobachtungen statt durch einen einzigen Zustand durch ein Ensemble von Quantenzuständen beschrieben. Das führt eine neue Ebene der Unvorhersagbarkeit ein, erklärt aber möglicherweise auch, warum uns das Universum klassisch erscheint. Dies würde Schrödingers Katze davon erlösen, halb lebendig und halb tot zu sein.

Die Vorhersagbarkeit aus der Physik verbannt und danach in einem eingeschränkten Sinne wieder eingeführt zu haben ist eine beachtliche Erfolgsgeschichte. Damit will ich die Sache auf sich beruhen lassen.

KAPITEL 6

DER TWISTORZUGANG ZUR RAUMZEIT

Roger Penrose

Lassen Sie mich mit einigen Bemerkungen zu Stephens letzter Vorlesung beginnen.

- **Zur klassischen Natur der Katzen.** Stephen argumentierte, daß wir zu einer Beschreibung mit Dichtematrizen gezwungen werden, da uns gewisse Bereiche der Raumzeit unzugänglich sind. Dies reicht jedoch nicht aus, die klassische Natur der Beobachtungen in unserem Bereich zu erklären. Die Dichtematrix, die der Beobachtung einer lebendigen Katze $|\text{lebendig}\rangle$ oder einer toten Katze $|\text{tot}\rangle$ entspricht, stimmt mit der Dichtematrix überein, welche die Mischung der beiden Superpositionen

$$\frac{1}{\sqrt{2}}(|\text{lebendig}\rangle + |\text{tot}\rangle)$$

und

$$\frac{1}{\sqrt{2}}(|\text{lebendig}\rangle - |\text{tot}\rangle)$$

beschreibt. Die Dichtematrix allein kann deshalb keine Aussage darüber machen, ob wir eine lebendige oder eine tote Katze oder eine der beiden Superpositionen beobachten. Wie ich am Ende meines letzten Vortrags betont habe, bedarf es noch weiterer Dinge.

- **Zur Weyl-Krümmung-Hypothese** (WKH). Soweit ich Stephens Standpunkt verstehe, glaube ich nicht, daß wir in diesem Punkt stark voneinander abweichen. Für Anfangssingularitäten ist die Weyl-Krümmung ungefähr null, während sie für Endsingularitäten groß ist. Stephen meinte, daß es im Anfangszustand kleine Quantenfluktuationen gegeben haben müsse und daß deshalb die Hypothese, die Weyl-Krümmung sei am Anfang exakt gleich null gewesen, nicht sinnvoll sein könne. Ich glaube nicht, daß hier tatsächlich eine Meinungsverschiedenheit vorliegt. Die Behauptung, die Weyl-Krümmung sei bei der Anfangssingularität gleich null, erfolgt im Rahmen der klassischen Physik, und es gibt sicher eine gewisse Freiheit darin, wie man diese Hypothese genau zu formulieren habe. Kleine Störungen, zumal im Quantenbereich, sind von meinem Standpunkt aus akzeptabel. Wir benötigen nur eine Beschränkung auf den Bereich sehr nahe bei null. Man würde auch erwarten, daß es (wegen der Materie) im frühen Universum thermische Fluktuationen im Ricci-Tensor gegeben hat, welche letztlich wegen der Jeans-Instabilität zur Bildung Schwarzer Löcher mit 10^6 Sonnenmassen führten. In der Nachbarschaft der Singularitäten in diesen Schwarzen Löchern gäbe es dann eine große Weyl-Krümmung, aber eher End- als Anfangssingularitäten, was mit der WKH konsistent ist.
  Ich gebe Stephen darin recht, daß die WKH «botanisch» ist, das heißt, von phänomenologischer Natur und ohne Erklärungswert. Man benötigt eine fundamentalere Theorie, um sie zu erklären. Möglicherweise ist der «Kein-Rand-Vorschlag» (KRV) von Hartle und Hawking ein guter Kan-

didat für die Struktur des *Anfangs*zustandes. Es scheint mir jedoch, daß wir etwas völlig anderes benötigen, um den *End*zustand zu verstehen. Insbesondere müßte eine Theorie, welche die Struktur der Singularitäten erklärt, T, PT, CT und CPT verletzen, damit so etwas wie die WKH aufkommen kann. Dieser Zusammenbruch der Zeitsymmetrie geschähe auf recht subtile Art; er müßte implizit im Regelwerk der Theorie vorhanden sein, welche über die Quantenmechanik hinausgeht. Stephen sagte, man sollte in Anbetracht eines wohlbekannten Theorems aus der Quantenfeldtheorie (QFT) erwarten, daß die Theorie CPT-invariant sei. Der Beweis dieses Theorems setzt jedoch voraus, daß die üblichen Regeln der QFT Anwendung finden und daß der Hintergrundsraum flach ist. Ich glaube, wir stimmen darin überein, daß die zweite Bedingung nicht gilt, während ich auch meine, daß die erste Annahme nicht erfüllt ist.

Es scheint mir, Stephens Standpunkt hat bezüglich des KRV nicht notwendigerweise zur Folge, daß es keine Weißen Löcher gibt. Wenn ich Stephens Meinung richtig verstehe, folgen aus dem KRV im wesentlichen zwei Lösungen: eine (A), bei der die Störungen in der Entfernung von der Singularität zunehmen, sowie eine (B), bei der sie abnehmen und schließlich verschwinden. (A) entspricht im großen und ganzen dem Urknall, während (B) Schwarzlochsingularitäten und den Endknall beschreibt. Der durch den Zweiten Hauptsatz der Thermodynamik bestimmte Zeitpfeil ist von der (A)-Lösung zur (B)-Lösung hin gerichtet. Ich sehe jedoch nicht, wie diese Interpretation des KRV Weiße Löcher vom Typ (B) ausschließt. Unabhängig davon habe ich auch Bedenken bezüglich des «Euklidisierungsverfahrens». Stephens Darlegungen beruhen auf der Tatsache, daß man eine euklidische und eine Lorentzsche Lösung zusammenfügen kann. Es gibt jedoch nur wenige Räume, die das gestatten, da vorausgesetzt wird, daß sie sowohl einen euklidischen als auch einen Lorentzschen Bereich haben. Der Normalfall liegt ganz sicher weit hiervon entfernt.

Twistoren und Twistorraum

Was liegt dem Gebrauch der Euklidisierung in der QFT tatsächlich zugrunde? Die QFT verlangt eine Aufspaltung der Feldgrößen in Anteile mit positiver und negativer Frequenz. Die positiven bewegen sich vorwärts in der Zeit, während sich die negativen rückwärts bewegen. Um die Propagatoren der Theorie zu erhalten, muß man Mittel und Wege finden, den Teil mit der positiven Frequenz (das heißt, der positiven Energie) abzusondern. Einen (davon unterschiedenen) Rahmen, diese Aufspaltung vorzunehmen, ist die *Twistortheorie* – tatsächlich war diese Aufspaltung einer der wichtigsten Beweggründe, Twistoren zu betrachten (siehe Penrose 1986).

Um dies im Detail zu erklären, wollen wir die für die Quantentheorie so fundamentalen komplexen Zahlen betrachten, deren Struktur, wie wir sehen werden, auch der Struktur der Raumzeit zugrunde liegt. Es handelt sich um Zahlen der Form $z = x + \mathrm{i}y$, wobei x, y reell sind und i der Beziehung $\mathrm{i}^2 = -1$ genügt; man bezeichnet die Menge der komplexen Zahlen mit $\mathbb{C}$. Wir können diese Zahlen auf einer Ebene darstellen (der komplexen Ebene) oder, falls wir einen Punkt im Unendlichen addieren, auf einer Sphäre – der *Riemann-Sphäre*. Diese ist nicht nur in vielen Zweigen der Mathematik wie Analysis und Geometrie von Bedeutung, sondern auch in der Physik. Man kann sie auf eine Ebene (zusammen mit dem Punkt im Un-

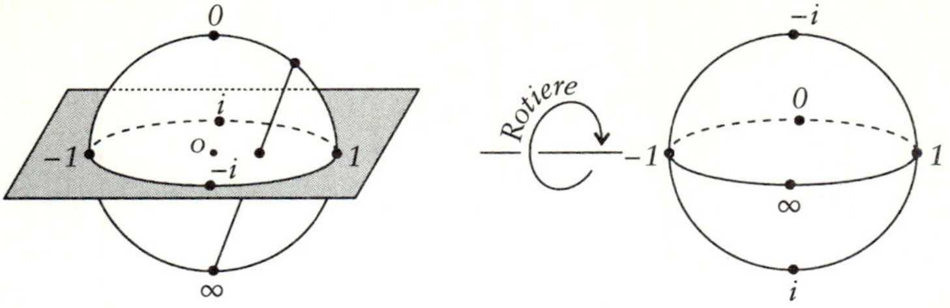

Abb. 6.1: Die Riemann-Sphäre stellt alle komplexen Zahlen einschließlich ∞ dar.

endlichen) projizieren. Nehmen wir die Ebene durch den Äquator der Sphäre und verbinden jeden beliebigen Punkt auf der Sphäre mit dem Südpol. Der Punkt, bei dem diese Linie die Ebene schneidet, ist der gesuchte Punkt auf der Ebene. Man beachte, daß bei dieser Abbildung der Nordpol in den Ursprung übergeht, der Südpol nach unendlich und die reelle Achse auf der Ebene in einen vertikalen Kreis, der durch Nord- und Südpol läuft. Wir können die Sphäre so rotieren, daß die reellen Zahlen dem Äquator entsprechen, und ich möchte hier dieser Konvention folgen (Abb. 6.1).

Betrachten wir beispielsweise eine komplexwertige Funktion $f(x)$ einer reellen Variablen x. Nach der eben erwähnten Konvention können wir uns f als Funktion vorstellen, die auf dem Äquator definiert ist. Der Vorteil dieser Sehweise besteht darin, daß es ein natürliches Kriterium gibt, um zu entscheiden, ob f von positiver oder negativer Frequenz ist: $f(x)$ ist eine Funktion von positiver Frequenz, falls sie zu einer holomorphen (komplex analytischen) Funktion auf der nördlichen Hemisphäre erweitert werden kann. Analog ist f von negativer Frequenz, falls sie sich auf diese Weise auf die südliche

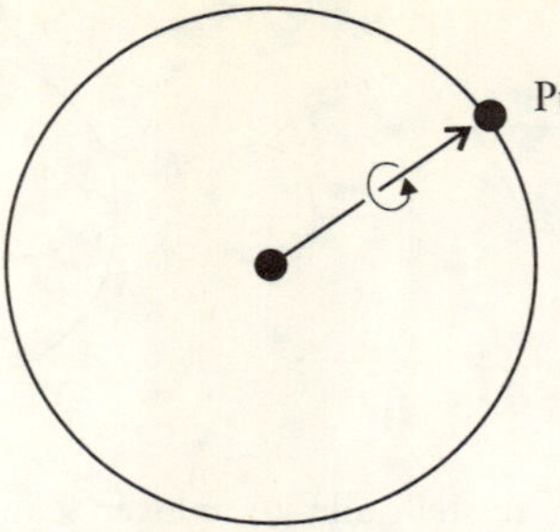

Abb. 6.2: Der Raum der Spinrichtung für ein Spin-$\frac{1}{2}$-Teilchen ist die Riemann-Sphäre des Verhältnisses z/w der Amplituden w (Spin oben) und z (Spin unten).

Hemisphäre erweitern läßt. Eine allgemeine Funktion kann man in positive und negative Frequenzanteile zerlegen. Die Vorstellung bei der Twistortheorie ist, diese Methode auf die Raumzeit in globaler Weise anzuwenden. Ein vorgegebenes Feld auf dem Minkowski-Raum spalten wir ganz analog in positive und negative Frequenzanteile auf. Um diese Aufspaltung zu verstehen, werden wir den Twistorraum konstruieren. (Siehe Penrose und Rindler 1986 sowie Huggett und Tod 1985 für eingehendere Details über Twistoren.)

Ehe wir dies im Detail diskutieren, betrachten wir zwei wichtige Anwendungen der Riemann-Sphäre in der Physik.

1. Die Wellenfunktion eines Spin-$\frac{1}{2}$-Teilchens kann sich in einer linearen Superposition von «oben» und «unten» befinden:

$$w|\uparrow\rangle + z|\downarrow\rangle$$

Dieser Zustand kann durch einen Punkt z/w auf der Rie-

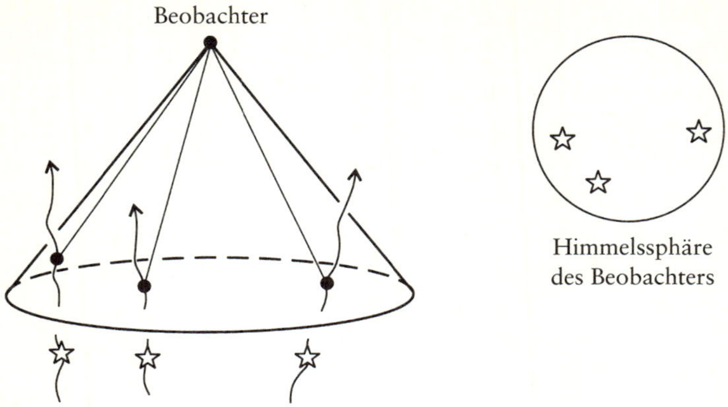

Abb. 6.3: Die Himmelssphäre eines Beobachters ist in der Relativitätstheorie auf natürliche Weise eine Riemann-Sphäre.

mann-Sphäre dargestellt werden, der dem Ort entspricht, an dem die vom Mittelpunkt fort zeigende positive Spinachse die Sphäre schneidet. (Für höheren Spin gibt es eine kompliziertere Konstruktion, die auf Majorana 1932 zurückgeht; siehe auch Penrose 1994, wo noch die Riemann-Sphäre benutzt wird.) Das verknüpft die komplexen Amplituden der Quantenmechanik mit der Struktur der Raumzeit (Abb. 6.2).

2. Man stelle sich eine Beobachterin vor, die sich an einem Punkt der Raumzeit draußen im All befindet und die Sterne betrachtet. Nehmen wir an, daß sie die Winkelpositionen dieser Sterne auf eine Sphäre aufträgt. Wenn jetzt ein zweiter Beobachter zur selben Zeit durch denselben Punkt ginge, jedoch bezüglich der Beobachterin eine Relativgeschwindigkeit aufwiese, würde er wegen der Aberrationseffekte

die Sterne an anderen Positionen auf die Sphäre auftragen. Bemerkenswert ist, daß die verschiedenen Positionen der Punkte auf der Sphäre durch eine spezielle Transformation verknüpft werden, die man *Möbius-Transformation* nennt. Solche Transformationen bilden die Gruppe, welche die komplexe Struktur der Riemann-Sphäre intakt läßt. Der Raum aller Lichtstrahlen durch einen Raumzeitpunkt bildet also auf natürliche Weise eine Riemann-Sphäre. Zudem empfinde ich es als positiv, daß die fundamentale Symmetriegruppe der Physik, welche Beobachter mit verschiedenen Geschwindigkeiten miteinander verknüpft, nämlich die (eingeschränkte) Lorentz-Gruppe, als Automorphismengruppe der einfachsten, (komplex) eindimensionalen Mannigfaltigkeit, der Riemann-Sphäre, realisiert werden kann (Abb. 6.3 sowie Penrose und Rindler 1984).

Die grundlegende Idee der Twistortheorie ist der Versuch, diesen Zusammenhang zwischen Quantenmechanik und Raumzeitstruktur – wie er in der Riemann-Sphäre zum Ausdruck kommt – zu nutzen und auf die gesamte Raumzeit auszuweiten. Gehen wir einmal versuchsweise davon aus, daß ganze Lichtstrahlen fundamentaler als Raumzeitpunkte sind. Auf diese Weise betrachten wir die Raumzeit als sekundären Begriff und den Twistorraum – ursprünglich der Raum der Lichtstrahlen – als den fundamentaleren Raum. Beide Räume sind dadurch miteinander verknüpft, daß man Lichtstrahlen in der Raumzeit als Punkte im Twistorraum betrachtet. Ein Punkt in der Raumzeit wird dann durch die Menge der Lichtstrahlen dargestellt, die ihn durchlaufen. Er wird also im Twistorraum zu einer Riemann-Sphäre. Wir sollten uns den Twistorraum als den Raum vorstellen, welcher der physikalischen Beschreibung zugrunde liegt (Abb. 6.4).

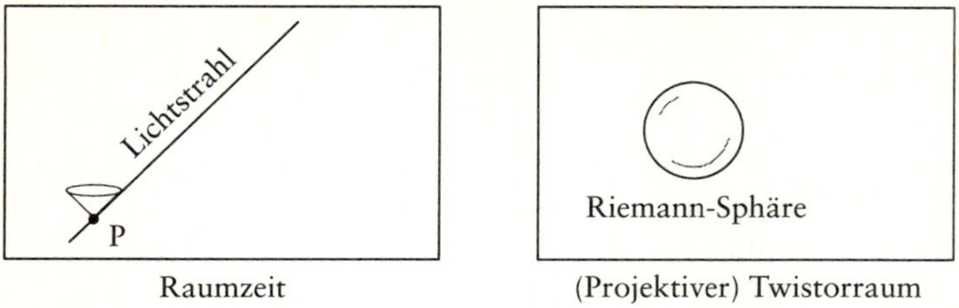

Abb. 6.4: Grundlegend in der Twistortheorie ist, daß im (projektiven) Twistorraum Lichtstrahlen in der (Minkowski-)Raumzeit durch Punkte und Raumzeitpunkte durch Riemann-Sphären dargestellt werden.

Der Twistorraum, wie ich ihn bisher dargestellt habe, hat fünf (reelle) Dimensionen und kann deshalb kein komplexer Raum sein, da komplexe Räume immer eine gerade Anzahl von (reellen) Dimensionen besitzen. Wenn wir uns Lichtstrahlen als Bahnen von Photonen vorstellen, müssen wir auch die Energie des Photons und seine Helizität berücksichtigen, die links- oder rechtshändig sein kann. Das ist ein wenig komplizierter als bei einem Lichtstrahl, doch besteht der Vorteil dieser Betrachtungsweise darin, daß wir mit einem komplexen projektiven dreidimensionalen Raum (sechs reelle Dimensionen) enden, dem $\mathbb{CP}_3$. Diesen bezeichnen wir als *projektiven Twistorraum* ($\mathbb{P}$T). Er besitzt einen fünfdimensionalen Unterraum $\mathbb{P}$N, welcher den Raum $\mathbb{P}$T in zwei Teile aufspaltet, die links- und rechtshändigen Anteile $\mathbb{P}T^-$ und $\mathbb{P}T^+$.

Punkte in der Raumzeit sind jetzt durch vier reelle Zahlen gegeben, und der projektive Twistorraum kann durch die Verhältnisse von vier komplexen Zahlen beschrieben werden. Wenn ein Lichtstrahl, der im Twistorraum durch (Z^0, Z^1, Z^2, Z^3) dargestellt wird, durch den Punkt (r^0, r^1, r^2, r^3) in der Raumzeit geht, dann ist die *Inzidenz*relation

$$\begin{pmatrix} Z^0 \\ Z^1 \end{pmatrix} = \frac{\mathrm{i}}{\sqrt{2}} \begin{pmatrix} r^0 + r^3 & r^1 + \mathrm{i}r^2 \\ r^1 - \mathrm{i}r^2 & r^0 - r^3 \end{pmatrix} \begin{pmatrix} Z^2 \\ Z^3 \end{pmatrix} \tag{6.1}$$

erfüllt. Die Inzidenzrelation (6.1) bildet die Grundlage der Twistorbeschreibung.

Für das Folgende bedarf es der Schreibweise mit Zweierspinoren. Auch wenn diese Schreibweise manch einen verwirrt, so ist sie für detaillierte Rechnungen doch äußerst nützlich. Man definiere also für jeden Vierervektor r^a die Größe $r^{AA'}$, deren Komponenten in der Matrixdarstellung

$$r^{AA'} = \begin{pmatrix} r^{00'} & r^{01'} \\ r^{10'} & r^{11'} \end{pmatrix} = \frac{1}{\sqrt{2}} \begin{pmatrix} r^0 + r^3 & r^1 + \mathrm{i}r^2 \\ r^1 - \mathrm{i}r^2 & r^0 - r^3 \end{pmatrix}$$

lauten. Die Bedingung, daß r^a *reell* sein muß, ist einfach die *Hermitezität* von $r^{AA'}$. Ein Punkt im Twistorraum ist durch zwei Spinoren mit den Komponenten

$$w^A \equiv \begin{pmatrix} w^0 \\ w^1 \end{pmatrix} = \begin{pmatrix} Z^0 \\ Z^1 \end{pmatrix} \qquad \pi_{A'} \equiv \begin{pmatrix} \pi'_0 \\ \pi'_1 \end{pmatrix} = \begin{pmatrix} Z^2 \\ Z^3 \end{pmatrix}$$

definiert. Die Inzidenzrelation (6.1) wird dann zu

$$w = \mathrm{i}r\pi$$

Es sollte beachtet werden, daß wir bei einer Verschiebung des Ursprungs, bei der r^a durch

$$r^a \mapsto r^a - Q^a$$

ersetzt wird,

$$w^A \mapsto w^A - \mathrm{i}Q^{AA'}\pi_{A'}$$

erhalten, während die $\pi_{A'}$ unverändert bleiben:

$$\pi_{A'} \mapsto \pi_{A'}.$$

Der Twistor stellt die vier Komponenten des Impulses p_a (wovon drei unabhängig sind) sowie die sechs Komponenten des Drehimpulses M^{ab} (von denen vier unabhängig sind) eines masselosen Teilchens dar. Die Ausdrücke sind

$$p_{AA'} = \bar{\pi}_A \pi_{A'}, \quad M^{AA'BB'} = \mathrm{i} w^{(A} \bar{\pi}^{B)} \epsilon^{A'B'} - \mathrm{i} \epsilon^{AB} \bar{w}^{(A'} \pi^{B')},$$

wobei Klammern den symmetrischen Teil bezeichnen und ϵ^{AB} und $\epsilon^{A'B'}$ die antisymmetrischen Levi-Civita-Symbole. Diese Ausdrücke beinhalten die Tatsache, daß der Impuls p_a nullartig und zukunftsgerichtet ist und daß der Pauli-Lubanskische Spinvektor gleich der mit dem Viererimpuls multiplizierten Helizität s ist. Diese Größen bestimmen die Twistorvariablen $(w^A, \pi_{A'})$ bis auf eine globale Twistor-Phasenmultiplikation eindeutig. Die Helizität kann geschrieben werden als

$$s = \frac{1}{2} Z^\alpha \bar{Z}_\alpha,$$

wobei das Komplex-Konjugierte des Twistors $Z^\alpha = (w^A, \pi_{A'})$ der *duale* Twistor $\bar{Z}_\alpha = (\bar{\pi}_A, \bar{w}^{A'})$ ist. (Man beachte, daß komplexe Konjugation gestrichene und ungestrichene Spinorindizes vertauscht, ebenso Twistoren mit ihren Dualen.) Hier entspricht $s > 0$ rechtshändigen Teilchen und deshalb dem, was wir als obere Hälfte des Twistorraumes $\mathbb{PT}^+$ bezeichnen, und $s < 0$ linkshändigen Teilchen, also der unteren Hälfte $\mathbb{PT}^-$. Im Fall von $s = 0$ erhalten wir tatsächlich Lichtstrahlen. (Die Gleichung für $\mathbb{PN}$, den Raum der Lichtstrahlen, lautet deshalb $Z^\alpha \bar{Z}_\alpha = 0$, also $w^A \bar{\pi}_A + \pi_{A'} \bar{w}^{A'} = 0$.)

Quantisierte Twistoren

Wir wollen eine Quantentheorie von Twistoren entwickeln, wozu wir eine twistorielle Wellenfunktion benötigen, eine komplexwertige Funktion $f(Z^\alpha)$ auf dem Twistorraum. Eine *beliebige* Funktion $f(Z^\alpha)$ ist nicht von vornherein eine Wellenfunktion, da Z^α Komponenten mit Ortsvariablen wie auch Impulsvariablen enthält, die wir nicht alle gleichzeitig in einer Wellenfunktion benutzen dürfen. Ort und Impuls kommutieren nicht miteinander. Im Twistorraum lauten die Kommutatorbeziehungen

$$[Z^\alpha, \bar{Z}_\beta] = \hbar\delta^\alpha_\beta \quad [Z^\alpha, Z^\beta] = 0 \quad [\bar{Z}_\alpha, \bar{Z}_\beta] = 0.$$

Z^α und $\bar{Z}^\alpha$ sind also konjugierte Variable, und die Wellenfunktion kann nur von der einen, nicht von der anderen abhängen. Dies bedeutet, daß die Wellenfunktion eine holomorphe (oder antiholomorphe) Funktion der Z^α sein muß.

Wir müssen nun überprüfen, wie die obigen Ausdrücke von der Operatorordnung abhängen. Es stellt sich heraus, daß die Ausdrücke für Impuls und Drehimpuls von der Ordnung unabhängig und deshalb auf kanonische Weise festgelegt sind. Andererseits hängt der Ausdruck für die Helizität von der Ordnung ab, und wir müssen die korrekte Definition benutzen. Dazu müssen wir das symmetrisierte Produkt auswählen, das heißt

$$s = \frac{1}{4}\left(Z^\alpha \bar{Z}_\alpha + \bar{Z}_\alpha Z^\alpha\right),$$

das, in der Darstellung des Z^α-Raumes, umgeschrieben werden kann zu

$$s = \frac{\hbar}{2}\left(-2 - Z^\alpha \frac{\partial}{\partial Z^\alpha}\right)$$
$$= \frac{\hbar}{2}\,(-2 - \text{Grad der Homogenität in } Z^\alpha).$$

Wir können eine Wellenfunktion nach Eigenzuständen von s zerlegen. Diese stellen dann genau die Wellenfunktionen mit bestimmtem Homogenitätsgrad dar. Beispielsweise besitzt ein spinloses Teilchen mit verschwindender Helizität eine twistorielle Wellenfunktion der Homogenität -2. Ein linkshändiges Spin-$\frac{1}{2}$-Teilchen hat eine Helizität von $s = -\frac{\hbar}{2}$ und deshalb eine twistorielle Wellenfunktion mit Homogenität -1, während die rechtshändige Version eines solchen Teilchens (Helizität $s = \frac{\hbar}{2}$) eine twistorielle Wellenfunktion mit Homogenität -3 besitzt. Für Spin 2 haben die rechts- und linkshändigen twistoriellen Wellenfunktionen jeweils die Homogenität -6 und $+2$.

Das mag alles ein wenig einseitig aussehen, da die Allgemeine Relativitätstheorie (ART) ja links-rechts-symmetrisch ist. Ganz so gravierend kann es aber nicht sein, da die Natur selbst links-rechts-asymmetrisch ist. Darüber hinaus sind auch Ashtekars «neue Variablen», die ein effektives Hilfsmittel in der ART darstellen, links-rechts-asymmetrisch. Es ist interessant, zu sehen, daß wir auf verschiedene Weise auf diese Asymmetrie zwischen links und rechts stoßen.

Man kann sich fragen, ob sich die Symmetrie nicht wiederherstellen läßt, indem man $Z^\alpha \leftrightarrow \bar{Z}_\alpha$ vertauscht, die Tabelle der Homogenitäten auswechselt und dann Z^α für die eine und $\bar{Z}_\alpha$ für die andere Helizität gebraucht. Genausowenig wie wir in der Quantentheorie Orts- und Impulsdarstellung gleichzeitig benutzen können, dürfen wir die Z^α- mit den $\bar{Z}_\alpha$-Darstellungen mischen. Wir müssen uns für die eine oder die andere entscheiden. Ob eine davon fundamentaler als die andere ist, bleibt noch offen.

Als nächstes wollen wir eine raumzeitliche Beschreibung von $f(Z)$ erhalten. Das geschieht mit Hilfe des Kontourintegrals

$$\left\{\begin{matrix} \phi_{A'\ldots G'}(r) \\ \text{oder} \\ \phi_{A\ldots G}(r) \end{matrix}\right\} = \int_{w=\mathrm{i}r\pi} \left\{\begin{matrix} \pi_{A'}\ldots\pi_{G'} \\ \text{oder} \\ \dfrac{\partial}{\partial w^{A}}\cdots\dfrac{\partial}{\partial w^{G}} \end{matrix}\right\} f(Z^{\alpha})\pi_{E'}d\pi^{E'},$$

wobei das Integral über eine Kurve im Raum der mit r zusammenhängenden Zs läuft (es sei daran erinnert, daß Z die beiden Anteile w und π besitzt) und die Anzahl der πs oder $\partial/\partial w$s vom Spin (und der Händigkeit) des Feldes abhängt. Diese Gleichung definiert ein Feld $\phi\ldots(r)$ in der Raumzeit, das automatisch den Feldgleichungen für ein masseloses Teilchen genügt. Die Einschränkung der Holomorphie an die Twistorfelder beinhaltet also all die komplizierten Feldgleichungen eines masselosen Teilchens, zumindest im Falle eines linearen Feldes im flachen Raum oder dem Grenzfall schwacher Energien eines Einstein-Feldes.

Geometrisch betrachtet ist der Punkt r in der Raumzeit eine $\mathbb{CP}_1$-Linie (was einer Riemann-Sphäre entspricht) im Twistorraum. Diese Linie muß durch das Gebiet laufen, in dem $f(Z)$ definiert ist. $f(Z)$ ist im allgemeinen nicht überall definiert und besitzt singuläre Stellen (in der Tat umgehen wir diese Stellen, um das Kontourintegral auszuwerten). Mathematisch präziser formuliert ist die twistorielle Wellenfunktion ein *Kohomologie*-Element. Um dies zu verdeutlichen, betrachten wir eine Menge offener Umgebungen des Gebietes im Twistorraum, welches hier relevant ist. Die Twistorfunktion muß dann auf dem *Durchschnitt* von Paaren dieser offenen Mengen definiert sein, was bedeutet, daß es ein Element der ersten Garbenkohomologie ist. Ich werde dies nicht im Detail erklären; aber «Garbenkohomologie» ist ein schönes Fachwort.

Erinnern wir uns an unser eigentliches Anliegen, nämlich in Analogie zur Quantenfeldtheorie (QFT) eine Möglichkeit zu finden, die positiven und negativen Frequenzanteile der Feldamplituden zu separieren. Falls sich eine auf $\mathbb{P}\mathrm{N}$ definierte Twistorfunktion (als Element der ersten Kohomologie) auf die obere Hälfte des Twistorraums $\mathbb{P}\mathrm{T}^+$ erweitern läßt, ist sie von positiver Frequenz. Läßt sie sich auf die untere Hälfte $\mathbb{P}\mathrm{T}^-$ erweitern, ist sie von negativer Frequenz. Im Twistorraum können also die Begriffe positive und negative Frequenz untergebracht werden.

Diese Aufspaltung gestattet es uns, im Twistorraum Quantentheorie zu betreiben. Andrew Hodges (1982, 1985, 1990) hat einen Zugang zur QFT mit Twistordiagrammen entwickelt, welche analog zu den Feynman-Diagrammen in der Raumzeit sind. Damit hat er eine neuartige Möglichkeit gefunden, die QFT zu regularisieren. Es handelt sich dabei um Verfahren, die einem beim normalen Raumzeitzugang nicht in den Sinn kämen, die im Twistorbild aber als naheliegend erscheinen. Ein neuer Gesichtspunkt, der auf eine Idee von Michael Singer zurückgeht (Hodges, Penrose und Singer 1989), wurde auch von der *konformen Feldtheorie* (KFT) beeinflußt. Stephen machte in seiner ersten Vorlesung einige wenig schmeichelhafte Bemerkungen über die Stringtheorie, doch halte ich die KFT, die Feldtheorie auf der Weltfläche der Stringtheorie, für eine sehr schöne (obwohl nicht durchgehend physikalische) Theorie. Sie ist auf beliebigen Riemann-Flächen definiert (von denen die Riemann-Sphäre das einfachste Beispiel ist, aber all die komplex-eindimensionalen Mannigfaltigkeiten wie Tori und «Brezeln» einschließt). Für die Twistoren müssen wir die KFT auf Mannigfaltigkeiten mit drei komplexen Dimensionen verallgemeinern, deren Ränder Kopien des $\mathbb{P}N$ (Räume von Lichtstrahlen in der Raumzeit) sind. Die Arbeit auf diesem Gebiet schreitet voran, doch ist man noch nicht sehr weit gekommen.

Twistoren für gekrümmte Räume

Unsere bisherigen Betrachtungen beziehen sich nur auf flache Raumzeiten. Da wir aber wissen, daß die Raumzeit gekrümmt ist, benötigen wir auch hierfür eine Twistortheorie, welche die Einstein-Gleichungen auf natürliche Weise wiedergeben soll.

Falls die Mannigfaltigkeit der Raumzeit konform flach ist (anders gesagt, falls der Weyl-Tensor gleich null ist), gibt es kein Problem, diesen Raum mit Twistoren zu beschreiben, da die Twistortheorie im wesentlichen konform invariant ist. Es gibt auch Vorstellungen über Twistoren, die auf verschiedene nichtkonform flache Raumzeiten anwendbar sind, wie etwa die Definition der quasilokalen Masse (Penrose 1982; siehe auch Tod 1990) und die Woodhouse-Mason-Konstruktion (1988; siehe auch Fletcher und Woodhouse 1990) für stationäre axialsymmetrische Vakua (die auf Wards 1977 vorgenommene Konstruktion für antiselbstduale Yang-Mills-Felder in der flachen Raumzeit zurückgeht; siehe auch Ward 1983). Letztere ist Teil eines sehr allgemeinen Twistoransatzes für integrable Systeme (siehe auch Mason und Woodhouse 1996).

Wir sollten jedoch in der Lage sein, allgemeinere Raumzeiten zu behandeln. Für eine komplexifizierte (oder «euklidisierte») Raumzeit $\mathcal{M}$ mit antiselbstdualem Weyl-Tensor (das heißt, mit verschwindender selbstdualer Hälfte des Weyl-Tensors) gibt es eine Konstruktion – die sogenannte nichtlineare

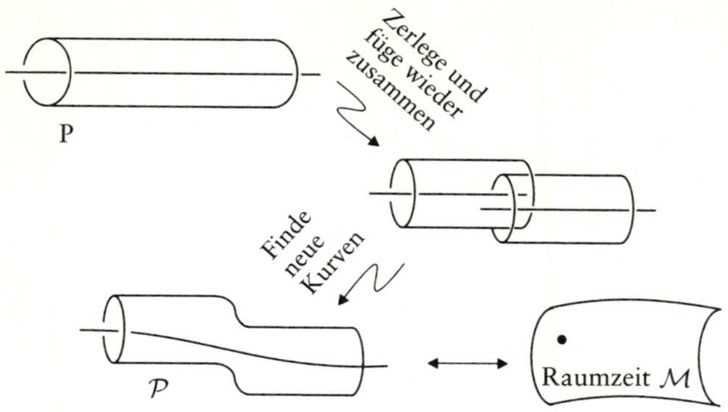

Abb. 6.5: Die nichtlineare Gravitonkonstruktion.

Gravitonkonstruktion –, welche diesem Problem völlig gerecht wird (Penrose 1976). Um dies zu verdeutlichen, betrachten wir einen Teil des Twistorraums, der aus der röhrenartigen Umgebung einer Linie oder etwas Ähnlichem (zum Beispiel der oberen Hälfte $\mathbb{PT}^+$, was gleich dem Anteil positiver Frequenz ist) besteht, und zerlegen ihn in zwei oder mehrere Stücke. Diese werden dann wieder zusammengefügt, wobei die einzelnen Teile jedoch relativ zueinander verschoben werden. Im allgemeinen werden die geraden Linien im ursprünglichen Raum P im neuen Raum $\mathcal{P}$ unterbrochen sein. Wir können jedoch neue holomorphe Kurven einführen, welche die alten (nun unterbrochenen) geraden Linien ersetzen, wodurch man Kurven erhält, die sich glatt aneinanderfügen lassen. Vorausgesetzt, daß die Deformation $\mathcal{P}$ von P nicht zu groß ist, bilden die so erhaltenen holomorphen Kurven – die zur selben topologischen Familie wie die ursprünglichen Linien gehören – eine vierdimensionale Familie. Der Raum, dessen Punkte diese holomorphen Kurven darstellen, ist unsere antiselbstduale (komplexe) «Raumzeit» $\mathcal{M}$ (Abb. 6.5). Jetzt können wir die Vakuum-Einstein-Gleichungen (Ricci-Flachheit) als die Bedingung implementieren, daß es sich bei $\mathcal{P}$ um eine holomorphe Faserung über einer projektiven Linie $\mathbb{CP}_1$ handeln muß (zusammen mit weiteren schwachen Voraussetzungen). All dies können wir erreichen, indem wir die Deformation $\mathcal{P}$ von P durch *freie* holomorphe Funktionen ausdrücken. Im Prinzip ist die gesamte Information über die gekrümmte Raumzeit $\mathcal{M}$ in diesen Funktionen enthalten (obwohl die Auffindung der erforderlichen holomorphen Kurven in $\mathcal{P}$ eine schwierige Sache sein kann).

Tatsächlich wollen wir aber die *vollen* Einstein-Gleichungen lösen und nicht nur das eben behandelte reduzierte Problem, bei dem die Hälfte des Weyl-Tensors gleich null ist. Allerdings handelt es sich hierbei eindeutig um ein schwieriges Problem, das in den letzten zwanzig Jahren vielen Lösungsversuchen getrotzt hat. Während der letzten Jahre habe ich jedoch einen neuen Weg eingeschlagen (Penrose 1992), der mir, obwohl ich bisher keine Lösung des Problems gefunden habe, der bisher vielversprechendste zu sein scheint. Wahrscheinlich gibt es tatsächlich eine tiefliegende Beziehung zwischen Twistoren und Einstein-Gleichungen. Die beiden folgenden Beobachtungen legen dies nahe:

1. Die Vakuum-Einstein-Gleichungen $R_{ab} = 0$ sind gleichzeitig die Konsistenzbedingungen für masselose Felder der Helizität $s = \frac{3}{2}$ (sofern diese Felder durch ein Potential gegeben werden).
2. In der flachen Raumzeit M entspricht der Raum der Ladungen eines $s = \frac{3}{2}$-Feldes genau dem Twistorraum.

Das durchzuführende Programm läßt sich dann wie folgt skizzieren: Für eine gegebene Ricci-flache Raumzeit (das heißt $R_{ab} = 0$) muß man den Raum aller darin enthaltenen Ladungen für $s = \frac{3}{2}$-Felder finden (was keine einfache Aufgabe ist). Dies würde dann den Twistorraum der Ricci-flachen Raumzeit darstellen. Der zweite Schritt besteht darin, herauszufinden, wie sich solche Twistorräume durch den Gebrauch freier holomorpher Funktionen auffinden lassen. Schließlich muß man in jedem Fall die ursprüngliche Raumzeitmannigfaltigkeit aus diesem Twistorraum konstruieren.

Wir erwarten nicht, daß dieser Twistorraum linear ist, da er bei der Rekonstruktion der Raumzeit eine gekrümmte Struktur ergeben muß. Ebenso muß die Konstruktion auf ausgeklügelte Art und Weise hochgradig nichtlokal sein, da sowohl die Ladung als auch das Potential eines $s = \frac{3}{2}$-Feldes nichtlokal sind. Diese Tatsache sollte sich als hilfreich erweisen, nichtlokale Aspekte der Physik aufzuklären, wie sie etwa bei den in meinem letzten Vortrag diskutierten EPR-Experimenten auftreten (Kapitel 4), die zeigen, daß Objekte in weit voneinander entfernten Gebieten der Raumzeit auf irgendeine Weise miteinander «verschränkt» werden können.

Twistorkosmologie

Ich will meine Ausführungen schließen, indem ich einige allerdings ziemlich vorläufige Bemerkungen über Kosmologie und Twistoren anfüge. Wie ich bereits sagte, muß der Weyl-Krümmungstensor bei Vergangenheitssingularitäten gleich null sein und die Raumzeit dort annähernd konform flach. Das bedeutet, daß der Anfangszustand eine sehr einfache Twistorbeschreibung besitzt. Diese wird bei fortschreitender Zeit immer komplizierter, und die Weyl-Krümmung nimmt zu. Dies steht in Einklang mit der beobachteten zeitlichen Asymmetrie in der Geometrie des Universums.

Aus der Sicht der komplex-holomorphen Weltanschauung der Twistortheorie wird ein Urknall mit $k < 0$, welcher zu einem offenen Universum führt, bevorzugt (Stephen zieht ein geschlossenes Universum vor). Der Grund liegt darin, daß nur in einem $k < 0$-Universum die Symmetriegruppe der Anfangssingularität eine holomorphe Gruppe ist, nämlich gerade die Möbius-Gruppe der holomorphen Selbstabbildungen der Riemann-Sphäre $\mathbb{CP}_1$ (das heißt der eingeschränkten Lorentz-Gruppe). Das ist die gleiche Gruppe, von der die Twistortheorie ursprünglich ausging. Aus weltanschaulichen Gründen bevorzuge ich den Fall $k < 0$. Da diese Aussage nur auf Weltanschauung beruht, kann ich sie natürlich in der Zukunft widerrufen, falls ich mich getäuscht haben sollte und es sich herausstellte, daß das Universum tatsächlich geschlossen ist.

Fragen und Antworten

Frage: Was ist die Bedeutung eines Zustandes mit Helizität $\frac{3}{2}$?

Antwort: In diesem Zugang handelt es sich beim Spin $\frac{3}{2}$ um kein tatsächlich existierendes physikalisches Feld, sondern lediglich um ein Hilfsfeld zur Definition von Twistoren. Ich stelle es mir nicht als das Feld eines Teilchens vor, das man entdecken könnte. Doch vom Standpunkt der Supersymmetrie aus betrachtet wäre es der Superpartner des Gravitons.

Frage: Wo erscheint im Twistorzugang der zeitasymmetrische **R**-Prozeß, von dem Sie letztes Mal sprachen?

Antwort: Sie müssen wissen, daß die Twistortheorie eine sehr konservative Theorie ist und darüber noch keine Aussage machen kann. Ich sähe es gern, wenn die Zeitasymmetrie in der Twistortheorie auftauchte, doch weiß ich bisher nicht, wie dies vor sich gehen soll. Falls man jedoch das ganze Programm durchführt, sollte sie ganz sicher zum Vorschein kommen, vielleicht auf eine Weise, die entfernt der Rechts/links-Asymmetrie ähnelt. Ebenso führt Andrew Hodges' Ansatz zur Regularisierung formal eine Zeitasymmetrie ein, doch liegt dabei bisher noch vieles im unklaren.

Frage: Welche nichtlineare QFT wäre für die Twistortheorie am ehesten zugänglich?

Antwort: Bisher wurde nur das Standardmodell untersucht (im Zusammenhang von Twistordiagrammen).

Frage: Die Stringtheorie sagt explizit das Teilchenspektrum voraus. Wo erscheint es in der Twistortheorie?

Antwort: Ich weiß nicht, wie das Teilchenspektrum letztendlich zum Vorschein kommen könnte, obwohl es gewisse Vorstellungen darüber gibt. Es freut mich jedoch zu hören, daß die Stringtheorie «explizit das Teilchenspektrum vorhersagt». Meiner Meinung nach können wir dieses Problem erst dann lösen, wenn wir die ART im Rahmen der Twistortheorie verstehen, da Massen mit der ART eng in Verbindung stehen. In gewissem Sinne ist dies aber auch der Standpunkt der Stringtheorie.

Frage: Welchen Standpunkt nimmt die Twistortheorie in der Debatte über kontinuierlich/diskret ein?

Antwort: Eine frühe Motivation für die Twistortheorie war die Theorie der Spin-Netzwerke, bei der man den Raum mittels diskreten kombinatorischen Quantenregeln aufbauen will. Man kann auch versuchen, die Twistortheorie aus solchen diskreten Dingen zu konstruieren. Im Laufe der Jahre hat man sich jedoch mehr zu holomorphen als zu kombinatorischen Methoden hin bewegt, was aber nicht bedeutet, daß der diskrete Gesichtspunkt unterlegen sei. Vielleicht gibt es einen tiefliegenden Zusammenhang zwischen diskreten und holomorphen Begriffen, doch ist dies bisher noch nicht klargeworden.

KAPITEL 7

DIE DEBATTE

Stephen Hawking und Roger Penrose

Stephen Hawking

Diese Vortragsreihe hat ganz deutlich den Unterschied zwischen Rogers und meinen Auffassungen offenbart. Er ist Platoniker und ich bin Positivist. Er ist darüber bekümmert, daß sich Schrödingers Katze in einem Quantenzustand befindet, in dem sie halb lebendig und halb tot ist. Seiner Meinung nach kann dies nicht der Realität entsprechen. Mich dagegen kümmert dies wenig. Ich verlange nicht, daß eine Theorie der Realität entspricht, da ich nicht weiß, was das ist. Realität ist keine Größe, die man mit Lackmuspapier testen kann. Mich interessiert nur, ob die Theorie die Ergebnisse von Messungen vorhersagen kann. Die Quantentheorie ist darin sehr erfolgreich. Sie sagt voraus, daß das Ergebnis einer Beobachtung entweder eine lebendige oder eine tote Katze ist. Es ist wie bei der Schwangerschaft – man kann nicht teilweise schwanger sein, sondern entweder man ist es, oder man ist es nicht.

Der Grund, warum jemand wie Roger, ganz zu schweigen von den Tierschützern, Einwände gegen Schrödingers Katze haben, liegt darin, daß es scheinbar absurd ist, den Zustand als $\frac{1}{\sqrt{2}}(\text{Katze}_{lebendig} + \text{Katze}_{tot})$ zu schreiben. Warum nicht $\frac{1}{\sqrt{2}}(\text{Katze}_{lebendig} - \text{Katze}_{tot})$? Anders ausgedrückt, zwischen Katze_{tot} und $\text{Katze}_{lebendig}$ scheinen keine Interferenzen zu bestehen. Man erhält eine Interferenz zwischen Teilchen, die durch verschiedene Spalte laufen, da man diese relativ einfach von ihrer Umgebung, deren Zustand man nicht mißt, isolieren kann. Man kann aber einen derart großen Körper wie den einer Katze kaum von den normalen intermolekularen Kräften isolieren, die durch das elektromagnetische Feld übermittelt werden. Man braucht keine Quantengravitation, um Schrödingers Katze oder die Funktionsweise des Gehirns erklären zu können. Das sind nur Ablenkungsmanöver.

Es war nicht meine Absicht, ernsthaft vorzuschlagen, die Existenz kosmologischer Ereignishorizonte sei der Grund dafür, daß Schrödingers Katze ein klassisches Tier zu sein scheint, das entweder tot oder lebendig ist, aber keine Kombination aus beiden Zuständen. Wie ich betont habe, wäre es schon schwierig genug, die Katze vom Rest des Zimmers zu isolieren, so daß man sich erst recht nicht um die weit entfernten Teile des Universums zu kümmern braucht. Ich wollte nur klarstellen, daß sich die Fluktuationen im Mikrowellenhintergrund auch bei genauester Beobachtung nur als klassische statistische Verteilung zu erkennen geben würden. Wir könnten keine Quanteneigenschaften wie Interferenz oder Korrelationen zwischen den Fluktuationen in verschiedenen Moden feststellen. Im Falle des ganzen Universums haben wir keine äußere Umgebung wie bei Schrödingers Katze, doch erhalten wir immer noch Dekohärenz und klassisches Verhalten, da wir nicht das ganze Universum überschauen können.

Roger stellt meine euklidischen Methoden in Frage. Insbesondere erhebt er Einwände gegen den von mir gezeichneten Entwurf einer euklidischen Geometrie, die an eine Lorentzsche angefügt wird. Wie er korrekterweise meint, gilt dies nur in sehr speziellen Fällen: Eine allgemeine Lorentzsche Raumzeit wird auf der komplexifizierten Mannigfaltigkeit keinen Bereich besitzen, in dem die Metrik reell und positiv definit, das heißt euklidisch ist. Das bedeutet aber, daß man den Zugang des euklidischen Pfadintegrals sogar für gewöhnliche nichtgravitative Felder falsch interpretiert. Betrachten wir den leichter verständlichen Yang-Mills-Fall. Bei diesem beginnt man mit einem Pfadintegral $e^{i\,Wirkung}$ über alle Yang-Mills-Zusammenhänge im Minkowski-Raum. Das Integral oszilliert und konvergiert nicht. Um ein Pfadintegral zu erhalten, das sich vernünftiger verhält, vollführt man eine Wick-Rotation in den euklidischen Raum hinein, indem man die imaginäre Zeitkoordinate $\tau = -it$ einführt. Der Integrand lautet dann $e^{-euklidische\,Wirkung}$, und man wertet das Pfadintegral über alle reellen Zusammenhänge im euklidischen Raum aus. Im allgemeinen ist ein Zusammenhang, der im euklidischen Raum reell ist, im Minkowski-Raum nicht mehr reell. Das stört aber weiter nicht. Man muß sich vorstellen, daß das Pfadintegral über alle reellen Zusammenhänge im euklidischen Raum im Sinne der Kontourintegration einem Pfadintegral über alle reellen Zusammenhänge im Minkowski-Raum äquivalent ist. Wie in der Quantengravitation kann man das Yang-Mills-Pfadintegral durch Sattelpunktsmethoden auswerten. Bei den Sattelpunktslösungen handelt es sich um die Yang-Mills-Instantonen, zu deren Klassifizierung Roger und das Twistorprogramm so viel beigetragen haben. Die Yang-Mills-Instantonen sind im euklidischen Raum reell, im Minkowski-Raum hingegen komplex. Das braucht uns nicht zu beunruhigen. Sie führen noch immer zu den richtigen Raten für physikalische Prozesse wie der elektroschwachen Baryonenerzeugung.

Bei der Quantengravitation verhält es sich ähnlich. Hier kann man das Pfadintegral über positiv definiten oder euklidischen statt über Lorentzschen Metriken auswerten. Das ist in der Tat notwendig, wenn man dem Gravitationsfeld gestattet, verschiedene Topologien zu besitzen. Eine Lorentzsche Metrik kann man nur auf einer Mannigfaltigkeit mit Euler-Zahl null erhalten. Wie wir gesehen haben, ergeben sich die interessanten Quantengravitationseffekte wie die intrinsische Entropie jedoch aus Raumzeitmannigfaltigkeiten mit nichtverschwindender Euler-Zahl, die keine Lorentzschen Metriken zulassen. Es ergibt sich das Problem, daß die euklidische Wirkung für die Gravitation von unten her nicht beschränkt ist, so daß es aussieht, als konvergiere das Pfadintegral nicht. Dies kann man jedoch beheben, indem man den konformen Faktor über eine komplexe Kontour integriert. Das ist eine freie Erfindung, doch glaube ich, daß dieses Verhalten mit der Eichfreiheit zusammenhängt und verschwindet, wenn wir wissen, wie das Pfadintegral korrekt auszuwerten ist. Dieses Problem hat einen physikalischen Ursprung: Die potentielle Energie der Gravitation ist negativ, da die Gravitation anziehend wirkt. Es wird also in jeder Theorie der Quantengravitation in irgendeiner Form zum Vorschein kommen. Es wird auch in der Stringtheorie auftauchen, falls diese es jemals soweit bringen sollte. Bisher wurde die Stringtheorie reichlich übertrieben präsentiert: Sie kann nicht einmal die Struktur der Sonne beschreiben, geschweige denn Schwarze Löcher.

Nach diesem Seitenhieb auf die Stringtheorie will ich zum euklidischen Ansatz und der Kein-Rand-Bedingung zurückkehren. Obwohl das Pfadintegral über positiv definiten reellen Metriken ausgewertet wird, kann der Sattelpunkt durchaus eine komplexe Metrik sein. Dies tritt in der Kosmologie ein, wenn die dreidimensionale Fläche Σ eine sehr kleine Größe überschreitet. Auch wenn ich die Metrik als eine halbe euklidische Viersphäre beschrieben habe, die an eine Lorentzsche Metrik angefügt wird, so gilt dies doch nur näherungsweise. Der tatsächliche Sattelpunkt ist komplex. Das mag einem Platoniker wie Roger mißfallen, doch für einen Positivisten wie mich ist es ganz in Ordnung. Man beobachtet keine Sattelpunktsmetrik. Man beobachtet nur die aus ihr berechnete Wellenfunktion, welche einer reellen Lorentzschen Metrik entspricht. Es überrascht mich ein wenig, daß es Roger widerstrebt, wenn ich euklidische und komplexe Raumzeiten benutze. Er gebraucht eine komplexe Raumzeit in seinem Twistorprogramm. In der Tat waren es Rogers Bemerkungen über die positiven Frequenzen als holomorphe Funktionen, die mich dazu bewogen, das Programm der euklidischen Quantengravitation zu entwickeln. Meiner Meinung nach hat dieses Programm zwei Vorhersagen gemacht, die man durch Beobachtungen überprüfen kann. Wie viele Vorhersagen haben hingegen die Stringtheorie oder das Twistorprogramm gemacht?

Roger ist der Auffassung, daß die Beobachtung oder Messung durch den **R**-Prozeß, also den Kollaps der Wellenfunktion, eine CPT-Verletzung in die Physik einbringt. Er stellt solche Verletzungen in mindestens zwei Fällen fest: in der Kosmologie und bei Schwarzen Löchern. Ich stimme darin überein, daß wir vielleicht eine zeitliche Asymmetrie durch die Art und Weise, wie wir Fragen über Beobachtungen stellen, ins Spiel bringen. Ich lehne aber die Vorstellung vehement ab, daß es einen physikalischen Prozeß gibt, welcher der Reduktion der Wellenfunktion entspricht und der irgend etwas mit Quantengravitation oder dem Bewußtsein zu tun hat. Das erscheint mir wie Zauberei, aber nicht wie Wissenschaft.

Ich habe in meinen Vorträgen bereits dargelegt, warum meiner Meinung nach der Kein-Rand-Vorschlag den beobachteten Zeitpfeil in der Kosmologie ohne CPT-Verletzung erklären kann. Ich werde nun erläutern, warum ich im Gegensatz zu Roger meine, daß es auch bei Schwarzen Löchern keine zeitliche Asymmetrie gibt. In der klassischen Allgemeinen Relativitätstheorie wird ein Schwarzes Loch als ein Gebiet definiert, in das Objekte eindringen können, aus dem aber nichts herauszukommen vermag. Warum, so mag man sich fragen, gibt es keine Weißen Löcher, Gebiete, aus denen Objekte hinausgelangen können, in die aber nichts einzudringen vermag? Meine Antwort lautet, daß Schwarze und Weiße Löcher zwar in der klassischen Theorie sehr verschieden sind, in der Quantentheorie aber ein und dasselbe darstellen. Die Quantentheorie hebt die Unterscheidung zwischen Schwarzen und Weißen Löchern auf: Schwarze Löcher können emittieren, und Weiße Löcher können vermutlich absorbieren. Ich schlage vor, daß wir ein Gebiet als Schwarzes Loch bezeichnen, wenn es groß und klassisch ist und nicht viel emittieren kann. Andererseits verhält sich ein kleines Loch, das große Mengen an Quantenstrahlung aussendet, gerade so, wie wir es von einem Weißen Loch erwarten würden.

Ich will jetzt das von Roger erwähnte Gedankenexperiment heranziehen, um zu veranschaulichen, inwiefern Schwarze und Weiße Löcher identisch sind. Man steckt eine gewisse Menge an Energie in einen sehr großen Kasten mit vollständig verspiegelten Wänden. Die Energie kann sich unterschiedlich auf die möglichen Zustände im Kasten verteilen. Zwei mögliche Situationen stellen die große Mehrheit aller Zustände dar. Bei der einen ist der Kasten mit thermischer Strahlung gefüllt, bei der anderen enthält er ein Schwarzes Loch, das sich im Gleichgewicht mit der thermischen Strahlung befindet. Es hängt von der Größe des Kastens und der in ihr enthaltenen Energiemenge ab, welche Situation die größere Anzahl von mikroskopischen Zuständen aufweist. Allerdings kann man

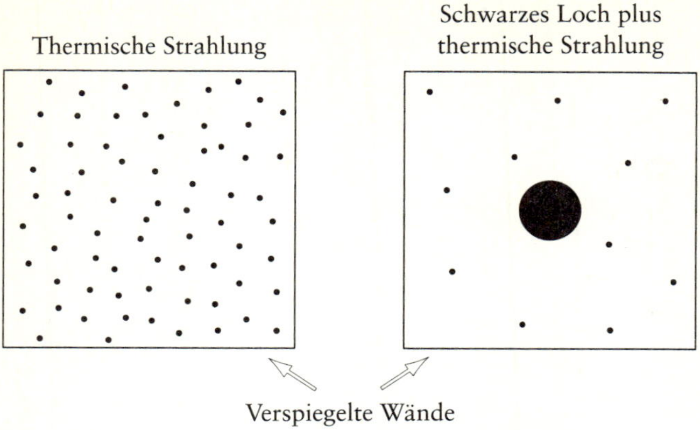

Abb. 7.1: Ein Kasten mit einer festen Energie enthält entweder nur thermische Strahlung oder ein Schwarzes Loch im Gleichgewicht mit der thermischen Strahlung.

diese Parameter so auswählen, daß es bei beiden Situationen etwa die gleiche Zahl von mikroskopischen Zuständen gibt. Man würde dann erwarten, daß der Kasten zwischen beiden Situationen hin- und herspringt. Manchmal enthält der Kasten nur thermische Strahlung. Ein andermal versammelt sich aufgrund thermischer Fluktuationen eine große Zahl von Teilchen in einem kleinen Gebiet, und ein Schwarzes Loch entsteht (Abb. 7.1). Zu einem weiteren Zeitpunkt nimmt die Strahlung aus dem Schwarzen Loch zu, oder die Absorption wird kleiner, weshalb das Schwarze Loch dann verdampft und verschwindet. Das System wandert also ergodisch in seinem Phasenraum umher: Manchmal ist ein Schwarzes Loch vorhanden, manchmal nicht (Abb. 7.2).

Roger und ich stimmen darin überein, daß sich der Kasten so verhält, wie ich es gerade beschrieben habe. In zwei

Geschichte des Kastens

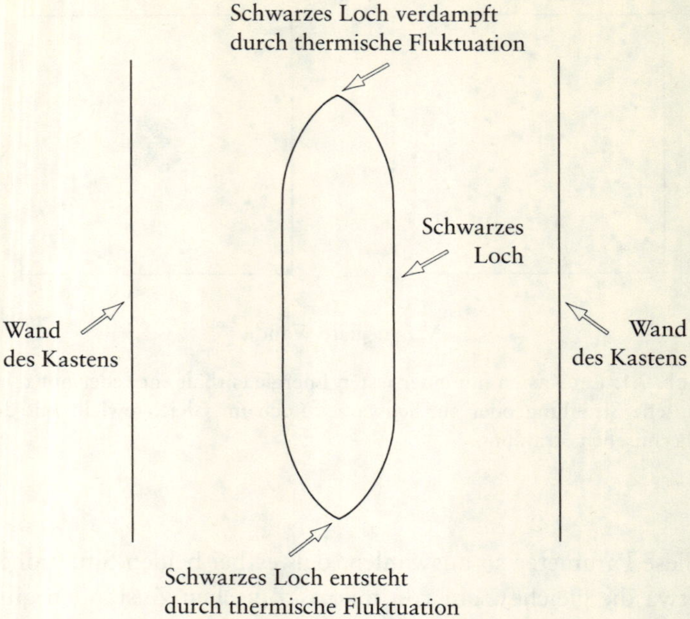

Abb. 7.2: Ein Schwarzes Loch erscheint und verschwindet durch thermische Fluktuationen.

Punkten sind wir aber unterschiedlicher Meinung. Zum einen glaubt Roger, daß Phasenraumvolumen und Information während dieses Zyklus von Erscheinen und Verschwinden Schwarzer Löcher verlorengeht. Zum anderen vertritt er die Auffassung, der Prozeß laufe nicht zeitsymmetrisch ab. Bei Punkt eins scheint Roger der Ansicht zu sein, daß die die Schwarzen Löcher betreffenden Keine-Haare-Theoreme den Verlust von Phasenraumvolumen bewirken, da viele unter-

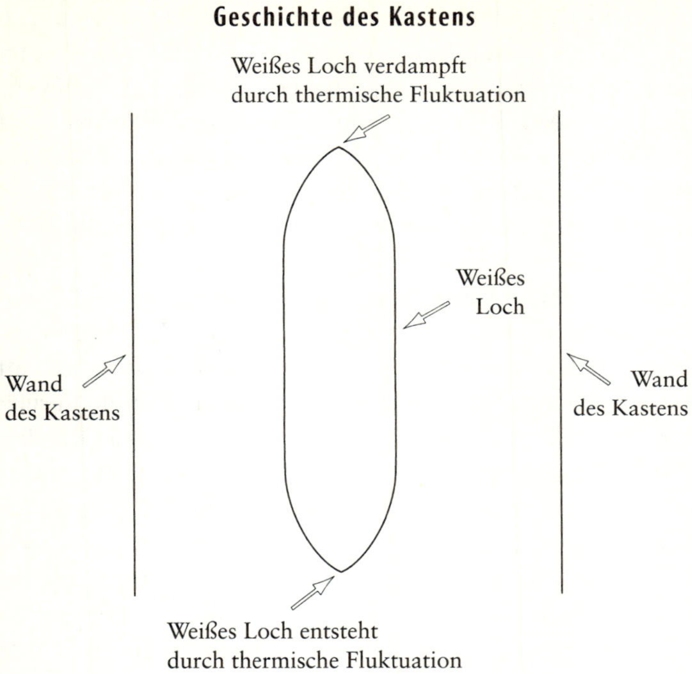

Abb. 7.3: Ein Weißes Loch erscheint und verschwindet durch thermische Fluktuationen.

schiedliche Konfigurationen der kollabierenden Teilchen das gleiche Schwarze Loch produzieren. Er schlägt vor, daß der **R**-Prozeß, der Kollaps der Wellenfunktion, einen entsprechenden Gewinn an Phasenraumvolumen ins Spiel bringt. Es ist mir jedoch nicht klar, wie dieser **R**-Prozeß zustande kommen soll. Im Kasten gibt es keine Beobachter, und ich habe kein Verständnis für die Behauptungen, der Prozeß sei spontan, solange keine Angaben gemacht werden, wie er sich berechnen lasse. Ohne Berechnungsangaben ist das alles nur Zauberei. Zudem glaube ich nicht, daß es einen Verlust von Phasenraumvolumen gibt. Wenn man behauptet, daß Schwarze Löcher eine Anzahl von Zuständen besitzen, die gleich $e^{\frac{1}{4}A}$ ist, gibt es keinen Verlust von Phasenraumvolumen. Außerdem gibt es keine Information in einem System wie dem Kasten, das in jedem Zustand sein kann. Es gibt also auch keinen Informationsverlust.

Um auf den zweiten Punkt unserer Meinungsverschiedenheit zurückzukommen, so meine ich, daß das Erscheinen und Verschwinden Schwarzer Löcher zeitsymmetrisch abläuft. Wenn man einen Film von dem Kasten anfertigt und ihn rückwärts abspult, erkennt man keinen Unterschied zu vorwärts. In einer Zeitrichtung gibt es Schwarze Löcher, die auftauchen und wieder verschwinden. In der anderen Richtung gibt es Weiße Löcher – das Zeitgespiegelte der Schwarzen Löcher –, die auftauchen und verschwinden. Beide Vorgänge stimmen miteinander überein, falls Weiße und Schwarze Löcher dasselbe sind. Es besteht daher keine Notwendigkeit, wegen der Vorgänge in diesem Kasten eine CPT-Verletzung ins Spiel zu bringen (Abb. 7.3). Ursprünglich lehnten sowohl Roger als auch Don Page meinen Vorschlag ab, daß die Bildung und Verdampfung Schwarzer Löcher im Kasten zeitsymmetrisch ablaufe. Don stimmt mir aber inzwischen zu. Ich warte noch darauf, daß auch Roger sich eines Besseren besinnt.

Roger Penrose erwidert

Ich möchte zunächst betonen, daß unsere Ansichten sicherlich mehr Gemeinsamkeiten als Unterschiede aufweisen. Doch gibt es gewisse (fundamentale) Punkte, in denen wir nicht übereinstimmen und auf die ich mich im folgenden konzentrieren will.

Katzen und ähnliches

Was immer die «Realität» sein mag, man muß erklären können, wie man die Welt wahrnimmt. Die Quantenmechanik leistet dies nicht, und man muß ihr eine zusätzliche Struktur auferlegen – etwas, das in ihren herkömmlichen Regeln nicht vorkommt. Insbesondere scheint mir, als habe Stephen meine Ausführungen zum Katzenproblem nicht ganz verstanden. Das Problem liegt nicht darin, daß das System wegen des Informationsverlustes durch eine Dichtematrix beschrieben werden muß, sondern daß beispielsweise die beiden Dichtematrizen

$$D = \tfrac{1}{4}(|\text{lebendig}\rangle + |\text{tot}\rangle)(\langle\text{lebendig}| + \langle\text{tot}|) + \tfrac{1}{4}(|\text{lebendig}\rangle - |\text{tot}\rangle)(\langle\text{lebendig}| - \langle\text{tot}|) \qquad (7.1)$$

und

$$D = \tfrac{1}{2}|\text{lebendig}\rangle\langle\text{lebendig}| + \tfrac{1}{2}|\text{tot}\rangle\langle\text{tot}| \qquad (7.2)$$

übereinstimmen. Wir müssen deshalb eine Erklärung dafür finden, warum wir entweder eine lebendige oder eine tote Katze wahrnehmen, aber niemals eine Superposition. Ich glaube zwar, daß die Philosophie bei der Erwägung solcher Dinge eine wichtige Rolle spielt, doch kann sie die Frage nicht beantworten.

Mir scheint, daß wir nur dann unsere Wahrnehmung der Welt im Rahmen der Quantenmechanik erklären können, wenn wir im Besitz einer der folgenden Theorien (oder beider) sind:

(A) einer Theorie der Erfahrung;
(B) einer Theorie des realen physikalischen Geschehens.

Bringt man den Beobachter ins Spiel, so wären in der Tat die entsprechenden Zustandsvektoren (im Fall von 7.1) beide von der Form

$$\tfrac{1}{2}(|\text{lebendig}\rangle \pm |\text{tot}\rangle)(|\text{Beobachter sieht lebendige Katze}\rangle \pm |\text{Beobachter sieht tote Katze}\rangle). \qquad (7.3)$$

Die erste Alternative (A) würde dann die Superposition im zweiten Faktor ausschließen, da dieser Zustand der Wahrnehmung nicht zulässig wäre. Andererseits wäre die Voraussetzung für (B), daß die Superposition im ersten Faktor ausgeschlossen würde. Meiner Vorstellung entsprechend sind diese großräumigen Superpositionen instabil und müssen schnell (spontan) in den einen oder anderen stabilen Zustand $|\text{lebendig}\rangle$ oder $|\text{tot}\rangle$ zerfallen. Vermutlich ist Stephen ein Anhänger von A [Hawking: Nein], da er ja kein B-Anhänger ist. Ich bin ein entschiedener Anhänger von B, da meiner Meinung nach A ein gefährlicher Standpunkt ist, der zu allerlei Problemen führt. Insbesondere benötigt ein A-Anhänger so etwas wie eine Theorie des Bewußtseins oder des Gehirns. Es überrascht mich, daß Stephen anscheinend weder ein A- noch ein B-Anhänger ist. Ich bin gespannt, was er dazu sagen wird.

Die Wick-Rotation

Die Wick-Rotation ist ein nützliches Hilfsmittel in der Quantenfeldtheorie. Man ersetzt t durch it, indem man eine Rotation der Zeitachse vornimmt. Das überführt den Minkowski-Raum in den euklidischen Raum. Ihr Nutzen rührt daher, daß gewisse Ausdrücke (beispielsweise Pfadintegrale) in der euklidischen Theorie besser definiert sind. Die Wick-Rotation ist ein gut verstandenes Hilfsmittel in der Quantenfeldtheorie, zumindest solange man sie auf die flache (oder eine stationäre) Raumzeit anwendet.

Stephens Vorschlag, die «Wick-Rotation» auf den Raum der Lorentzschen Metriken anzuwenden (um den Raum der euklidischen Metriken zu erhalten), ist sicher interessant und originell, doch unterscheidet er sich sehr von der Anwendung einer Wick-Rotation in der Quantenfeldtheorie. Es handelt sich dabei um eine «Wick-Rotation» auf einer anderen Ebene.

Der Kein-Rand-Vorschlag ist eine beachtenswerte Idee und scheint etwas mit der Weyl-Krümmung-Hypothese zu tun zu haben. Meiner Meinung nach ist er jedoch weit davon entfernt, erklären zu können, warum Vergangenheitssingularitäten kleine, Zukunftssingularitäten hingegen große Weyl-Krümmung aufweisen. Ebendies beobachten wir in unserem Universum, und ich denke, daß Stephen mir hinsichtlich der Beobachtungen recht gibt.

Phasenraumverlust

Stephen und ich stimmen vollständig darin überein, daß es in einem Schwarzen Loch zu einem Informationsverlust kommt, doch sind wir bezüglich des Phasenraumverlustes unterschiedlicher Meinung. Stephen glaubt, daß der **R**-Prozeß nur Zauberei, aber keine Physik ist. Natürlich bin ich da anderer Meinung. Ich denke, daß ich in meinem zweiten Vortrag erklärt habe, warum er vernünftig ist, und ich habe einen konkreten Vorschlag für die Rate gemacht, mit der die Reduktion des Zustands stattfinden sollte – sie sollte nämlich in einer Zeit

$$T \approx \frac{\hbar}{E}. \tag{7.4}$$

erfolgen. Ich glaube auch, daß sein Diagramm des Schwarzen Loches sehr in die Irre führt. Er hätte das Carter-Diagramm wählen sollen, das offensichtlich nicht zeitsymmetrisch ist. Wir stimmen darin überein, daß Information verlorengeht, doch bin ich zudem der Meinung, daß sich das Phasenraumvolumen verkleinert. Wäre das gesamte Szenario zeitsymmetrisch, so sollte es auch Weiße Löcher geben. Dies sind Gebiete, aus denen heraus alle möglichen Dinge auftauchen können, was nicht nur in Widerspruch zur Weyl-Krümmung-Hypothese und zum Zweiten Hauptsatz der Thermodynamik stünde, sondern vermutlich auch zur Beobachtung. Diese Frage hängt sehr eng damit zusammen, welche Art von Singularitäten die «Quantengravitation» erlaubt. Ich erachte es als unerläßlich, daß diese Theorie in all ihren Konsequenzen zeitasymmetrisch ist.

Stephen Hawking

Roger ist um Schrödingers arme Katze besorgt. Ein solches Gedankenexperiment wäre heutzutage politisch nicht korrekt. Roger ist beunruhigt darüber, daß eine Dichtematrix, die $Katze_{lebendig}$ und $Katze_{tot}$ die gleiche Wahrscheinlichkeit zuordnet, dies auch für $Katze_{lebendig} + Katze_{tot}$ und $Katze_{lebendig} - Katze_{tot}$ tut. Warum also beobachten wir entweder $Katze_{lebendig}$ oder $Katze_{tot}$? Warum beobachten wir nicht entweder $Katze_{lebendig} + Katze_{tot}$ oder $Katze_{lebendig} - Katze_{tot}$? Wie kommt es, daß bei unseren Beobachtungen die Achsen *lebendig* und *tot* statt *lebendig* + *tot* und *lebendig* – *tot* auftauchen? Zunächst will ich anmerken, daß man diese Ambiguität in den Eigenzuständen der Dichtematrix nur erhält, wenn die Eigenwerte genau gleich sind. Wenn die Wahrscheinlichkeiten für *lebendig* oder *tot* nur ein wenig verschieden wären, gäbe es in den Eigenzuständen keine Ambiguität. Eine Basis wäre dadurch ausgezeichnet, Basis von Eigenvektoren zur Dichtematrix zu sein. Warum also beliebt es der Natur, die Dichtematrix in der *lebendig/tot*-Basis diagonal zu gestalten, nicht aber in der *lebendig + tot/lebendig – tot*-Basis? Die Antwort darauf lautet, daß sich die Zustände $\text{Katze}_{lebendig}$ und Katze_{tot} auf makroskopischer Ebene unterscheiden, etwa bei der Position der Gewehrkugel oder der Wunde der Katze. Wenn man unbeobachtete Dinge wie die Störungen in den Luftmolekülen ausspurt, mittelt sich das Matrixelement jeder Observablen zwischen den Zuständen $\text{Katze}_{lebendig}$ und Katze_{tot} zu null. Deshalb beobachtet man die Katze entweder als tot *oder* lebendig, aber nicht als eine lineare Kombination von beidem. Das ist ganz normale Quantenmechanik. Man benötigt dazu keine neue Meßtheorie und ganz sicher keine Quantengravitation.

Kehren wir zur Quantengravitation zurück. Roger scheint zu akzeptieren, daß der Kein-Rand-Vorschlag den niedrigen Weyl-Tensor im frühen Universum erklärt. Er hält es aber für fraglich, daß der Kein-Rand-Vorschlag den großen Weyl-Tensor erklären könnte, den man im Gravitationskollaps bei Schwarzen Löchern und dem Kollaps des gesamten Universums erwarten würde. Meiner Meinung nach beruht auch dies auf einer falschen Vorstellung vom Kein-Rand-Vorschlag. Roger wäre vermutlich damit einverstanden, daß es Lorentzsche Lösungen gibt, die im frühen Universum annähernd glatt beginnen und sich beim Gravitationskollaps zu hochgradig irregulären Metriken entwickeln. Man kann diese Lorentzschen Metriken an die halbe euklidische Viersphäre im frühen Universum anfügen. Dies ergibt eine näherungsweise Sattelpunktsmetrik für die Wellenfunktion einer hochgradig verzerrten Dreiergeometrie beim Kollaps (Abb. 7.4). Wie ich bereits betont habe, ist die exakte Sattelpunktmetrik komplex

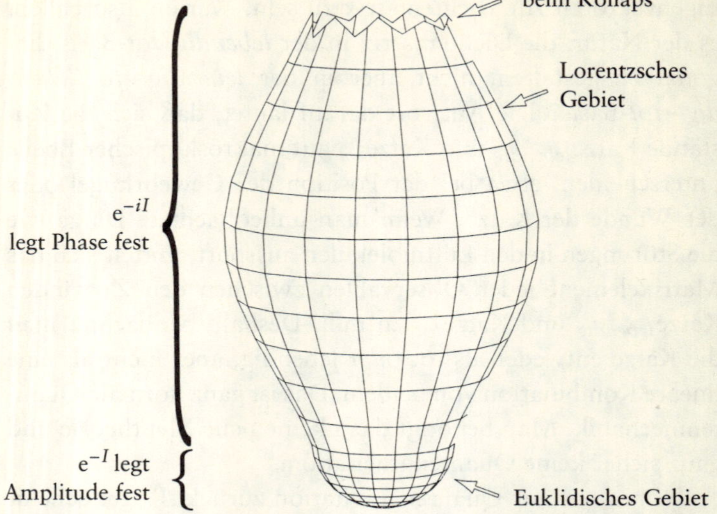

Abb. 7.4: Für den Tunnelprozeß zu einer kollabierten Dreiergeometrie bestimmt der euklidische Teil die Amplitude der Wellenfunktion für die Dreiergeometrie, während der Lorentzsche Teil ihre Phase bestimmt.

und nicht entweder euklidisch oder Lorentzsch. Trotzdem kann man sie wie beschrieben in guter Näherung in annähernd euklidische und Lorentzsche Gebiete unterteilen. Das euklidische Gebiet unterscheidet sich nur geringfügig von der halben runden Vierspähre. Ihre Wirkung ist dann nur unwesentlich größer als bei der halben runden Viersphäre, welche einem homogenen und isotropen Universum entspricht. Der Lorentzsche Teil der Lösung unterscheidet sich sehr von einer homogenen und isotropen Lösung. Die Wirkung des Lorentzschen Teils ändert aber nur die Phase der Wellenfunktion und betrifft nicht die Amplitude. Letztere ist durch die Wirkung

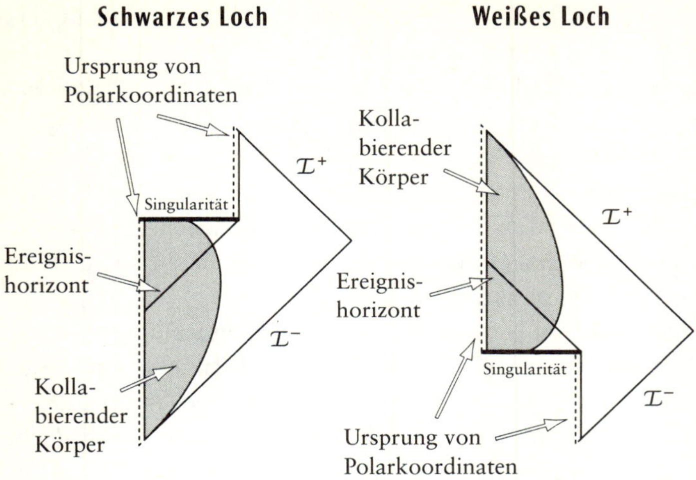

Abb. 7.5: Die Carter-Penrose-Diagramme für Schwarze und Weiße Löcher.

des euklidischen Teils gegeben und hängt kaum davon ab, wie verzerrt die Dreiergeometrie ist. Beim Gravitationskollaps sind daher alle Dreiergeometrien gleich wahrscheinlich, weshalb man typischerweise eine sehr irreguläre Metrik mit hoher Weyl-Krümmung findet. Ich hoffe, dies wird Roger und alle anderen davon überzeugen, daß der Kein-Rand-Vorschlag erklären kann, warum das frühe Universum so glatt war und warum der Gravitationskollaps so irregulär sein wird.

Als letztes will ich mich dem Schwarzen Loch im Gedankenexperiment mit dem Kasten zuwenden. Roger scheint noch immer daran festhalten zu wollen, daß Phasenraumvolumen verlorengeht, da viele unterschiedliche Konfigurationen beim Kollaps das gleiche Schwarze Loch ergeben können. Der zentrale Punkt bei der Thermodynamik Schwarzer Löcher ist jedoch, einen solchen Verlust an Phasenraum zu vermeiden. Man ordnet Schwarzen Löchern genau deshalb eine Entropie zu, weil sie auf e^S verschiedene Arten entstanden sein können. Wenn sie zeitsymmetrisch verdampfen, senden sie Strahlung auf e^S verschiedene Weisen aus. Es gibt also keinen Verlust an Phasenraumvolumen und keine Notwendigkeit, zum Ausgleich den R-Prozeß heranzuziehen. Auch recht! Ich glaube an den Gravitationskollaps, aber nicht an den Kollaps der Wellenfunktion.

Schließlich will ich zu meiner Behauptung Stellung nehmen, daß Schwarze und Weiße Löcher ein und dasselbe seien. Roger brachte den Einwand vor, daß die entsprechenden Carter-Penrose-Diagramme (Abb. 7.5) sehr verschieden sind. Dem stimme ich zu, doch meine ich, daß diese nur ein klassisches Bild darstellen. Ich behaupte, daß in der Quantentheorie Schwarze und Weiße Löcher für einen äußeren Beobachter identisch sind. Was gilt aber, so könnte Roger einwenden, für jemanden, der in ein Loch fällt? Würde er oder sie das Carter-Penrose-Diagramm des Schwarzen Loches wahrnehmen? Meiner Meinung nach liegt der Schwachpunkt dieses Argumentes darin, daß angenommen wird, es gebe wie in der klassischen Theorie eine einzige Metrik. In der Quantentheorie muß man jedoch ein Pfadintegral über alle möglichen Metriken ausführen. Für unterschiedliche Fragestellungen ergeben sich unterschiedliche Sattelpunktsmetriken. Insbesondere werden sich die Sattelpunktsmetriken für die Fragestellungen der äußeren Beobachter von der entsprechenden Sattelpunktsmetrik eines einfallenden Beobachters unterscheiden. Man könnte sich auch vorstellen, daß das Schwarze Loch einen Beobachter ausstößt. Die Wahrscheinlichkeit dafür ist klein, es ist aber möglich. Vermutlich entspräche die Sattelpunktsmetrik für einen solchen Beobachter dem Carter-Penrose-

Diagramm eines Weißen Loches. Meine Behauptung, daß Schwarze und Weiße Löcher das gleiche sind, ist also in sich konsistent. Es handelt sich um die einzige Möglichkeit, die Quantengravitation CPT-invariant zu machen.

Roger Penrose erwidert

Lassen Sie mich auf Stephens Bemerkung zum Katzenproblem zurückkommen. In der Tat ist die Gleichheit der Eigenwerte ohne Bedeutung. Wie kürzlich gezeigt wurde (Hughston et al. 1993), kann man für jede Dichtematrix (sogar für den Fall völlig unterschiedlicher Eigenwerte) und für all die unterschiedlichen Arten, sie als Wahrscheinlichkeitsmischung von Zuständen (die nicht notwendigerweise orthogonal sein müssen) zu schreiben, stets im Prinzip eine Messung an dem «unbekannten Teil des Zustandsvektors» vornehmen, welche dieser speziellen Wahrscheinlichkeitsmischung die Interpretation der Dichtematrix für den «bekannten Teil» verleiht. Was den Einfluß der Umgebung betrifft, so kann noch angemerkt werden, daß selbst kleine Nichtdiagonalelemente eine große Wirkung auf die Eigenvektoren haben können. Darüber hinaus hat Stephen noch Gewehrkugeln und ähnliches erwähnt. Das wird dem Problem aber nicht gerecht, da für das System «Katze + Kugel» das gleiche Problem auftaucht wie zuvor für das System «Katze» allein. Ich denke, daß die Frage nach der «Realität» den fundamentalen Unterschied zwischen Stephen und mir beleuchtet. Sie hängt auch mit den anderen Problemen zusammen, zum Beispiel mit der Frage, ob Weiße und Schwarze Löcher das gleiche sind. Es läßt sich alles auf die Tatsache zurückführen, daß wir auf makroskopischer Ebene nur eine Raumzeit wahrnehmen. Ich meine, man muß sich entweder für A oder für B entscheiden – ich habe nicht den Eindruck, daß Stephen wirklich auf diesen Punkt eingegangen ist.

Schwarze und Weiße Löcher mögen sich sehr ähnlich sein, solange sie klein sind. Ein kleines Schwarzes Loch emittiert viel Strahlung und könnte deshalb wie ein Weißes Loch aussehen. Vermutlich könnte ein kleines Weißes Loch eine große Menge an Strahlung absorbieren. Auf der makroskopischen Ebene scheint mir diese Identifikation aber nicht gerechtfertigt zu sein; meiner Meinung nach kommt etwas anderes ins Spiel.

Die Quantenmechanik gibt es erst seit fünfundsiebzig Jahren, was, etwa verglichen mit Newtons Theorie der Gravitation, kein langer Zeitraum ist. Es würde mich daher nicht überraschen, wenn man die Quantenmechanik für extrem makroskopische Objekte abändern müßte.

Zu Anfang dieser Debatte sagte Stephen, daß er Positivist, ich hingegen Platoniker sei. Er mag sich einen Positivisten nennen, wenn ihm das beliebt, doch ist der entscheidende Punkt, daß ich Realist bin. Vergleicht man diese Diskussion mit der berühmten Debatte zwischen Bohr und Einstein vor siebzig Jahren, so müßte man Stephen die Rolle Bohrs und mir die Rolle Einsteins zuordnen! Einstein argumentierte nämlich, es sollte so etwas wie eine reale Welt geben, die nicht notwendigerweise durch eine Wellenfunktion dargestellt wird. Bohr dagegen betonte, daß die Wellenfunktion keine «reale» Mikrowelt beschreibt, sondern nur «Wissen», das nützlich für Vorhersagen ist.

Allgemein wird angenommen, Bohr habe in der Debatte die Oberhand gewonnen. In der Tat hätte sich Einstein nach der kürzlich erschienenen Biographie von Pais (1994) von 1925 an damit begnügen können, fischen zu gehen. Es stimmt schon, daß er danach keine großen Fortschritte mehr machte, obwohl seine beständigen kritischen Kommentare sehr hilfreich waren. Meiner Meinung nach machte Einstein in der Quantentheorie keine großen Fortschritte mehr, weil ein wesentlicher Punkt dort noch fehlte. Dieser Punkt ist die Strahlung Schwarzer Löcher, die Stephen fünfzig Jahre später entdeckte. Es ist der mit der Strahlung Schwarzer Löcher verknüpfte Informationsverlust, der die neue Einsicht liefert.

Fragen und Antworten

Gary Horowitz (Anmerkung): Es wurden einige wenig schmeichelhafte Bemerkungen über die Stringtheorie vorgetragen. Obwohl sie wenig schmeichelhaft waren, haben die meisten doch gezeigt, daß die Stringtheorie wichtig ist! Einige dieser Bemerkungen waren irreführend, andere ganz einfach falsch. Zunächst einmal reduziert sich die Stringtheorie für schwache Felder auf die Allgemeine Relativitätstheorie und beinhaltet daher alle Konsequenzen dieser Theorie. Sie erscheint hilfreich beim Verständnis der Singularitäten, und es scheinen einige der unkontrollierbaren Divergenzen durch die Stringtheorie behoben zu werden. Ich will nicht behaupten, daß sie all ihre Probleme gelöst hat, doch handelt es sich noch immer um einen vielversprechenden Weg.

Frage: Eine unklare Frage, die wiederum die Katze betrifft.

Antwort: Roger Penrose erklärt das Katzenproblem noch einmal.

Frage: Könnte Roger Penrose etwas zu dem Zugang der dekohärenten Geschichten sagen? Es wurde gezeigt, daß Dekohärenz durch eine äußere Umgebung sehr effektiv ist; es ist jedoch (noch) ziemlich unklar, wie die Dekohärenz intrinsisch wirkt. Hängt dies vielleicht damit zusammen, daß die Dekohärenz mit den Eigenschaften der Raumzeit zu tun haben könnte?

Antwort (Penrose): Das Programm der dekohärenten Geschichten beinhaltet etwas dem **R**-Prozeß Äquivalentes. Es unterscheidet sich daher von der üblichen Quantenmechanik, ist aber trotzdem etwas anderes als mein Zugang. Es ist allerdings interessant zu erfahren, daß es vielleicht einen Bezug zur Struktur der Raumzeit gibt. Ich denke, daß sich mein Zugang hinsichtlich der Frage nach der zeitlichen Asymmetrie weniger von dem Zugang der konsistenten Geschichten unterscheidet als von Stephens Ansatz.

Frage: Was passiert mit der Entropie bei dem Gedankenexperiment mit dem Schwarzen Loch im Kasten? Würde die zeitumgekehrte Situation nicht den Zweiten Hauptsatz der Thermodynamik verletzen?

Antwort (Hawking): Der Kasten befindet sich in einem Zustand maximaler Entropie. Das System bewegt sich ergodisch unter allen möglichen Zuständen, so daß es keine Verletzung gibt.

Frage: Könnte der Mechanismus der quantenmechanischen Messung experimentell untersucht werden?

Antwort (Penrose): Es müßte (im Prinzip) möglich sein, dies experimentell zu untersuchen. Vielleicht sollte man ein Leggett-artiges Experiment mit einer großräumigen Superposition heranziehen. Das Problem mit dieser Art von Experimenten besteht darin, daß die Effekte der Dekohärenz durch die Umgebung üblicherweise viel größer sind als die Effekte, die man messen möchte. Man muß das System also sehr gut isolieren. Soweit ich weiß, existieren noch keine Vorschläge, diese Idee im einzelnen zu überprüfen, doch wäre dies sicher sehr interessant.

Frage: Beim Modell des inflationären Universums muß dessen Masse sehr genau zwischen einem expandierenden und einem kontrahierenden Universum ausbalanciert werden. Nur zehn Prozent der dafür benötigten Masse wurde bisher beobachtet, und die Suche nach der übrigen Masse erinnert mich an die Suche nach dem «Äther» um die Jahrhundertwende. Könnten Sie dazu einige Bemerkungen machen?

Antwort (Penrose): Ich kann mit einer Hubble-Konstante innerhalb des gegenwärtigen Wertebereiches sehr gut leben, und zehn Prozent der kritischen Masse reichen mir daher aus. Ich habe mich ohnedies nie mit den Inflationsmodellen anfreunden können. Ich denke aber, daß Stephen ein geschlossenes Universum, als Teil des Kein-Rand-Vorschlags, sehr zupaß käme. [Hawking: Ja!]

Antwort (Hawking): Die Hubble-Konstante ist vielleicht kleiner, als angenommen wird. Sie nahm in den letzten fünfzig Jahren um einen Faktor zehn ab, und ich sehe nicht ein, warum sie sich nicht noch um einen weiteren Faktor zwei verringern sollte. Das würde die noch aufzuspürende Masse reduzieren.

BIBLIOGRAPHIE

AHARONOV, Y., BERGMANN, P., und LIEBOWITZ, J. L., 1964. Time symmetry in the quantum process of measurement. In *Quantum Theory and Measurement*, hg. v. J. A. Wheeler und W. H. Zurek. Princeton University Press, Princeton, 1983. Ursprünglich in *Phys. Rev.* **134B**, 1410–1416.

BEKENSTEIN, J., 1973. Black holes and entropy. *Phys. Rev.* **D7**, 2333–2346.

CARTER, B., 1971. Axisymmetric black hole has only two degrees of freedom. *Phys. Rev. Lett.* **26**, 331–333.

DIÓSI, L., 1989. Models for universal reduction of macroscopic quantum fluctuations. *Phys. Rev.* **A40**, 1165–1174.

FLETCHER, J., und WOODHOUSE, N. M. J., 1990. Twistor characterization of stationary axisymmetric solutions of Einstein's equations. In *Twistors in Mathematics and Physics*, hg. v. T. N. Bailey und R. J. Baston. LMS Lecture Notes Series 156. Cambridge University Press, Cambridge, U. K.

GELL-MANN, M., und HARTLE, J. B., 1990. In *Complexity, Entropy and the Physics of Information*. SFI Studies in the Science of Complexity, Band 8, hg. v. W. Zurek. Addison-Wesley, Reading, Mass.

GEROCH, R., 1970. Domain of dependence. *J. Math. Phys.* **11**, 437–449.

GEROCH, R., KRONHEIMER, E. H., und PENROSE, R., 1972. Ideal points in spacetime. *Proc. Roy. Soc. London* **A347**, 545–567.

GHIRARDI, G. C., GRASSI, R., und RIMINI, A., 1990. Continuous-spontaneous-reduction model involving gravity. *Phys. Rev.* **A42**, 1057 bis 1064.

GIBBONS, G. W., 1972. The time-symmetric initial value problem for black holes. *Comm. Math. Phys.* **27**, 87–102.

GRIFFITHS, R., 1984. Consistent histories and the interpretation of quantum mechanics. *J. Stat. Phys.* **36**, 219–272.

HARTLE, J. B., und HAWKING, S. W., 1983. Wave function of the universe. *Phys. Rev.* **D28**, 2960–2975.

HAWKING, S. W., 1965. Occurrence of singularities in open universes. *Phys. Rev. Lett.* **15**, 689–690.

HAWKING, S. W., 1972. Black holes in general relativity. *Comm. Math. Phys.* **25**, 152–166.

HAWKING, S. W., 1975. Particle creation by black holes. *Comm. Math. Phys.* **43**, 199–220.

HAWKING, S. W., und PENROSE, R., 1970. The singularities of gravitational collapse and cosmology. *Proc. Roy. Soc. London* **A314**, 529 bis 548.

HODGES, A. P., 1982. Twistor diagrams. *Physica* **114A**, 157–175.

HODGES, A. P., 1985. A twistor approach to the regularization of divergences. *Proc. Roy. Soc. London* **A397**, 341–374. Mass eigenstates in twistor theory, ibid., 375–396.

HODGES, A. P., 1990. Twistor diagrams and Feynman diagrams. In *Twistors in Mathematics and Physics*, hg. v. T. N. Bailey und R. J. Baston. LMS Lecture Notes Series 156. Cambridge University Press, Cambridge, U. K.

HODGES, A. P., PENROSE, R., und SINGER, M. A., 1989. A twistor conformal field theory for four space-time dimensions. *Phys. Lett.* **B216**, 48–52.

HUGGETT, S. A., und TOD, K. P., 1985. *An Introduction to Twistor Theory*. London Math. Soc. student texts. LMS publication, Cambridge University Press, New York.

HUGHSTON, L. P., JOZSA, R., und WOOTTERS, W. K., 1993. A complete classification of quantum ensembles having a given density matrix. *Phys. Lett.* **A183**, 14–18.

ISRAEL, W., 1967. Event horizons in static vacuum space-times. *Phys. Rev.* **164**, 1776–1779.

MAJORANA, E., 1932. Atomi orientati in campo magnetico variabile. *Nuovo Cimento* **9**, 43–50.

MASON, L. J., und WOODHOUSE, N. M. J., 1996. *Integrability, Self-duality and Twistor Theory*. Oxford University Press, Oxford.

NEWMAN, R. P. A. C., 1993. On the structure of conformal singularities in classical general relativity. *Proc. Roy. Soc. London* **A443**, 473 bis 492; II, Evolution equations and a conjecture of K. P. Tod, ibid., 493 bis 515.

OMNÈS, R., 1992. Consistent interpretations of quantum mechanics. *Rev. Mod. Phys.* **64**, 339–382.

OPPENHEIMER, J. R., und SNYDER, H., 1939. On continued gravitational contraction. *Phys. Rev.* **56**, 455–459.

PAIS, A., 1994. *Einstein Lived Here.* Oxford University Press, Oxford. *Ich vertraue auf Intuition: Der andere Albert Einstein.* Spektrum Akademischer Verlag, Heidelberg 1995.

PENROSE, R., 1965. Gravitational collapse and space-time singularities. *Phys. Rev. Lett.* **14**, 57–59.

PENROSE, R., 1973. Naked singularities. *Ann. N. Y. Acad. Sci.* **224**, 125 bis 134.

PENROSE, R., 1976. Non-Linear gravitons and curved twistor theory. *Gen. Rev. Grav.* 7, 31–53.

PENROSE, R., 1978. Singularities of space-time. In *Theoretical Principles in Astrophysics and Relativity*, hg. v. N. R. Liebowitz, W. H. Reid und P. O. Vandervoort. University of Chicago Press, Chicago.

PENROSE, R., 1979. Singularities and time-asymmetry. In *General Relativity: An Einstein Centenary*, hg. v. S. W. Hawking und W. Israel. Cambridge University Press, Cambridge, U. K.

PENROSE, R., 1982. Quasi-local mass and angular momentum in general relativity. *Proc. Roy. Soc. London* **A381**, 53–63.

PENROSE, R., 1986. On the origins of twistor theory. In *Gravitation and Geometry* (Festschrift für J. Robinson), hg. v. W. Rindler und A. Trautman. Bibliopolis, Neapel.

PENROSE, R., 1992. Twistors as spin 3/2 charges. In *Gravitation and Modern Cosmology* (P. G. Bergmann zum 75. Geburtstag), hg. v. A. Zichichi, N. de Sabbata und N. Sánchez. Plenum Press, New York.

PENROSE, R., 1993. Gravity and quantum mechanics. In *General Relativity and Gravitation 1992*. Proceedings of the Thirteenth International Conference on General Relativity and Gravitation held at Cordoba, Argentina, 28 June–4 July 1992. Part 1, Plenary Lectures, hg. v. R. J. Gleiser, C. N. Kozameh und O. M. Moreschi. Institute of Physics Publication, Bristol/Philadelphia.

PENROSE, R., 1994. *Shadows of the Mind: An Approach to the Missing Science of Consciousness.* Oxford University Press, Oxford. *Schatten des Geistes: Wege zu einer neuen Physik des Bewußtseins.* Spektrum Akademischer Verlag, Heidelberg 1995.

PENROSE, R., und RINDLER, W., 1984. *Spinors and Space-Time*, Band 1: *Two-Spinor Calculus and Relativistic Fields.* Cambridge University Press, Cambridge.

PENROSE, R., und RINDLER, W., 1986. *Spinors and Space-Time*, Band 2: *Spinor and Twistor Methods in Space-Time Geometry*. Cambridge University Press, Cambridge.

RINDLER, W., 1977. *Essential Relativity*. Springer-Verlag, New York.

ROBINSON, D. C., 1975. Uniqueness of the Kerr black hole. *Phys. Rev. Lett.* **34**, 905–906.

SEIFERT, H.-J., 1971. The causal boundary of space-times. *J. Gen. Rel. and Grav.* **1**, 247–259.

TOD, K. P., 1990. Penrose's quasi-local mass. In *Twistors in Mathematics and Physics*, hg. v. T. N. Bailey und R. J. Baston. LMS Lecture Notes Series 156. Cambridge University Press, Cambridge, U. K.

WARD, R. S., 1997. On self-dual gauge fields. *Phys. Lett.* **61A**, 81–82.

WARD, R. S., 1983. Stationary and axi-symmetric spacetimes. *Gen. Rel. Grav.* **15**, 105–109.

WOODHOUSE, N. M. J., und MASON, L. J., 1988. The Geroch group and non-Hausdorff twistor spaces. *Nonlinearity* **1**, 73–114.